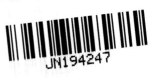

リンのはなし

生命現象から資源・環境問題まで

大竹久夫 著

朝倉書店

はじめに

皆さんは，自分の体がどんな物質からできているか考えたことがありますか？ 自分の体が骨，筋肉や内臓などからできていて，食事でタンパク質，炭水化物やミネラルなどをバランスよく摂らなければならないことは，皆さんもよくご存知のことと思います．しかし，健康や食事にかなり関心がある人でも，自分の体がどんな元素（物質を構成する要素）でできているかまでは，考えたことがないかもしれません．たぶん多くの方は，「そんなことは知らなくても生きていけるから」と仰られることと思います．しかし，私たちが生きていくために必要な元素の中には，日本に資源がなくほぼすべてを海外に頼っているものがあります．それはリンという元素です．日本はいま，リンを世界のあちこちからかき集めて輸入しています．リンがなければ，人間は誰ひとり生きていくことができないからです．

本書は，私たちの体をつくっているおもな元素の中で，ただ一つ日本に資源のないリンについて書かれています．ところで，リンとは一体どんな元素なのでしょうか？ 少し前なら，リンを使ったマッチがどの家庭にもあり，リンについて説明するのにマッチが役に立ちました．しかし，いまではタバコを吸う人の数は減り，家庭でもマッチで火を起こす機会が少なくなって，マッチそのものをあまり見ることがなくなりました．それでも，リンはいまでも私たちの身のまわりにあるいろいろな製品に使われています．例えば，皆さんがお使いのスマートフォンやパソコン，燃えにくくなるように加工された衣類やカーテン，インフルエンザやＣ型肝炎などの特効薬，加工食品のハムやプロセスチーズなどにも，リンが使われています．どれも見ただけではわかりませんが，リンは私たちの身近なところで広く使われているのです．

しかし，本書がリンという元素を取り上げる最大の理由は，リンが人間に限らず地球上のすべての生き物にとり欠くことのできない「いのちの元素」であるからです．リンがなければ，私たちの体の中にあるDNAも細胞も骨もできません．私たちがご飯を食べても，それを消化してエネルギーを獲得することすらできません．もちろんリンがなければ，お米などの穀物は実らず牛や豚などの家畜も育ちませんから，人間は食料を生産することができません．

いま，人間が使うリンのほぼすべては，地下資源のリン鉱石から得られています．しかし，自然界でリン鉱石ができるまでには，何千万年もの長い年月が必要です．それは人間の寿命と比べてとてつもなく長い年月ですから，人間がリン鉱石を掘り続ける限り，やがてこの地下資源が枯渇してしまうことは避けられません．もっとも，日本には掘ろうとしても資源と呼べるだけのリン鉱石すらないのです．

日本列島にはいま，約1.25億人の人間が暮らしています．人間ひとりが健康に暮らすためには，毎日約1gのリンが必要です．簡単な掛け算をすればわかりますが，約1.25億人の人間が1年間に必要とするリンの量は約4.6万トンです．日本人のおとなの平均体重が約60kg（0.06トン）ですから，約4.6万トンはおとな約77万人（静岡県浜松市の全人口に相当）の体重に匹敵します．決して少ない量ではありません．「リンをもたない」日本は，国民の生命を維持するためだけでも，毎年これだけ多くのリンを海外から輸入し続けなければならないのです．しかし，はたしてどれだけ多くの日本人が，日本にリン資源がないことを知っているでしょうか？ 私たちは，これまでリンについてあまりにも知らな過ぎたように思います．本書には，リンが私たちにとりどれほど重要な元素であるかについて詳しく書かれています．この本をお読みになられたら，皆さんもきっと日本にリン資源がないことの重大性に気がつくことと思います．本書が，日本人のリンに関する認識を変え，ひとりでも多くの日本人がわが国にリン資源がないという問題について考えるきっかけになれば幸いです．

2019年10月

大竹久夫

目　　次

1

リンはいのちの元素

リンは，私たちが生きていくために絶対に必要な「いのちの元素」です．第1章では，リンが私たちの体のどこで何をしているのか，また私たちが健康な生活を送るためにはどれだけの量のリンを必要とするかなど，人体とリンの関係について説明します．

米国フロリダ州のリン鉱石（米国スティーブンス工科大学 D. バッカーリ教授提供）

1.1 人の体はなにでできている

人の体は，表 1.1 のような元素からできています．表 1.1 に示されている数値は，それぞれの元素が標準的な体型のおとなの体に占める割合（重量%）です．人の体重に占める割合が 0.0001%以下の元素（超微量元素といいます）も含めますと，人の体は 30 あまりの元素からできています．体重に占める割合が 1%を超える多量元素には，多い順に酸素(65%)，炭素(18%)，水素(10%)，窒素（3%），カルシウム（1.6%）およびリン(1%)の 6 つがあります．元素の数でいいますと，一番軽い水素が全体の約 63%を占めて最も多くなります．鉄などは，血の赤い色と関係していて多少目立ちますが，人の体重に占める割合は意外に少なく 10 ある微量元素（割合が 0.0001～0.01%）の一つに過ぎません．

6 つの多量元素だけで人の体重の約 99%を占めますが，この中で酸素，炭素，水素および窒素はいわずと知れた空気と水の成分であり，日本ならどこにでもあります．カルシウムも石灰（生石灰 CaO および消石灰 $Ca(OH)_2$）の成分として，日本には炭酸カルシウム（$CaCO_3$）を含む石灰岩が豊富にあります．ちなみに，日本の石灰の年間生産量は世界第 6 位です．しかし，リンだけは事情が違います．人体の多量元素の中で，リンだけが日本に資源があり

表 1.1　人体を構成する元素（文献 1）
10～15 の超微量元素（0.0001%以下）は省略．

元素	重量%	
酸素	65.0	多量元素 1%以上
炭素	18.0	
水素	10.0	
窒素	3.0	
カルシウム	1.6	
リン	1.0	
硫黄	0.25	少量元素 0.01～1%
カリウム	0.20	
ナトリウム	0.15	
塩素	0.15	
マグネシウム	0.15	
鉄	0.009	微量元素 0.0001～0.01%
フッ素	0.005	
ケイ素	0.003	
亜鉛	0.003	
ストロンチウム	>0.001	
ルビジウム	>0.001	
臭素	>0.001	
鉛	>0.001	
マンガン	>0.001	
銅	>0.001	

ません．多量元素の次に多い5つの少量元素（硫黄，カリウム，ナトリウム，塩素およびマグネシウム）まで入れても，硫黄は日本の輸出品（年間約130万トンを中国などに輸出しています）であり，残りの4元素も海水に豊富に含まれていますので，やはりリンだけが日本に資源がありません．

日本はカリウムも輸入していますが，カリウムは海水の塩分の中で6番目に多く，1リットルの海水に約400 mg含まれています．リンは1リットルの海水にせいぜい約0.06 mgしかなく，カリウムの約6400分の1しかありません．しかも，人体に含まれる量では，カリウムはリンの約1/5です．ちなみに日本はいまでも，公益財団法人塩事業センターというところが，お金をかけて約2万トンの塩を国内で製造して備蓄していますが，その約1%はカリウムです．塩事業センターは，10年ほど前まで約10万トンの塩を国内で備蓄していましたので，約1000トンのカリウムを備蓄していたことになります．また，日本がおもにカナダから輸入しているカリウムも，もともと海水の塩からできたカーナライト（塩化カリウム・マグネシウムの水和物（$KMgCl_3 \cdot 6H_2O$））などのカリ鉱物から得られています．

1.2　リンは体のどこに

大まかにいって，人の体重の約10%が骨の重さであり，骨の重さの約10%がリンの重さになります．標準的な体型の人であれば，体重の約1%がリンの重さといってよいでしょう．例えば，体重が60 kgの人には，約600 gのリンが体の中にあります．こどもも含めた日本人の平均体重を約55 kgとしますと，日本に住む約1.25億の人（以下，日本人という言い方をします）の体の中には，合計して約7万トンのリンが存在していることになります．

これらのリンの約85%は骨と歯に含まれており，そのほとんどがカルシウムと結合しています（表1.2）．残りのリンのほとんどは，軟部組織と呼ばれる筋肉や内臓などにあります．人間にとり，骨は重要なリンの貯蔵庫といってよいでしょう．一方，細胞のレベルで見ますと，リンはDNAや細胞膜の重要な構成成分であるばかりでなく，細胞内でのエネルギーのやりとりにも重要な役割を担っています．リンがなければ，DNAも細胞もできませんので，地球上

表 1.2　体重約 60 kg のおとなの体内のリン分布（文献 3）

組織	重量（g）	割合（%）
骨	600	85
歯	3	0.4
軟部組織	100	14
血液	0.2	0.03
間質液	0.2	0.03

のどんな生命も存在できません．リンはまさに「いのちの元素」といえます．なお，リンの生物学につきましては，朝倉書店刊行の『リンの事典』（文献 2）に少し詳しく解説されていますので，ぜひそちらも御覧下さい．

日本はいま，重量基準で約半分の食飼料（食料と家畜飼料）を海外から輸入しています．海外から輸入される食飼料にはリンが含まれていますが，それらのリンは海外で食飼料が生産される時に，肥料や家畜飼料の添加物などとして使われたリンの一部です．残り約半分の食飼料は日本国内で生産されていますが，そこに含まれているリンもまた，ほぼすべて海外から肥料またはその原料などとして輸入されたリンです．人間は食事を通してリンを摂りますから，私たち日本人の体の中にあるリンは，ほぼすべて海外から国内に持ち込まれたリンであるといえます．

日本が食料や肥料を海外から輸入し始めたのは明治になってからです．それまで日本人は，日本列島で手に入るリンだけでなんとか命をつないできました．岩石の風化によって供給されるリンに加えて，海で採った魚や落ち葉や人の糞などを肥料に使い，リンを補っていたようです．しかし，少ないリンでは多くの農作物を収穫することはできません．そのため，日本の人口は江戸中期でもいまの約 4 分の 1 の 3000 万人程度であったようです．大昔，日本列島は広く森林で覆われていたと思われますが，人間の食料生産による土壌からのリンの持ち出しがなく，寿命の長い樹木によるリンの消費であれば，岩石の風化などで自然が供給するリンだけでも十分にまかなえたことでしょう．しかし，明治時代になって，日本が海外に植民地を持ち始めると，次第に食料や肥料原料を海外に依存するようになり，それからわずか 150 年足らずのうちに日本人の DNA や骨を形成しているリンは，ほぼすべて外国製の輸入品になってしまいました．

以下，コラムには関連する情報が書かれていますが，読み飛ばしていただいても，本書の内容を理解するうえで，とくに困ることはありません．

リン酸の重要なはたらき

リン酸（PO_4^{3-}）は，私たちの細胞の中で，遺伝物質であるデオキシリボ核酸（DNA）やリボ核酸（RNA），細胞の膜を構成するリン脂質や細胞内での信号のやりとりに関係するリン酸化タンパク質などに含まれています．DNA

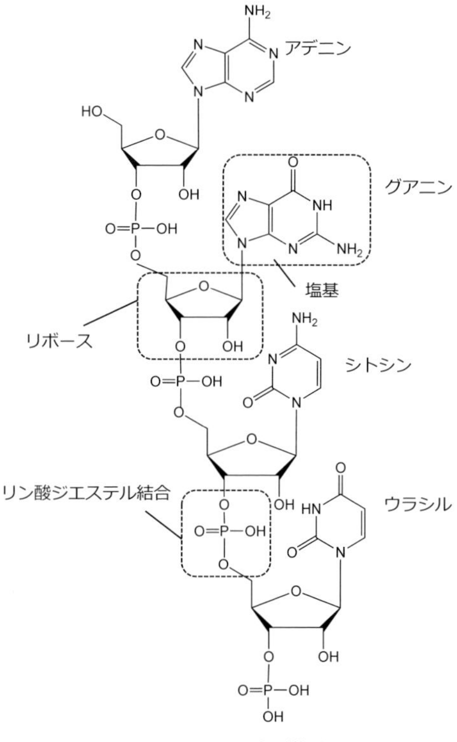

図 1.1　RNA の化学構造

とRNAは，骨の成分であるリン酸カルシウムを除けば，生物の体の中で最も多いリン化合物です．図1.1のRNA分子の中で，リボースと呼ばれる糖と糖をつなぐ結合は，リン酸ジエステル結合と呼ばれています．このリン酸ジエステル結合が，まさに生物にとって都合がいい結合なのです．リン酸ジエステル結合は，細胞内では適度に安定で，適度に不安定であるという，絶妙な結合になっています．すなわち，リン酸ジエステル結合は，酵素の作用がなければ安定ですが，酵素の作用があれば簡単に分解されます．ちなみに酵素とは，細胞の中のさまざまな生化学反応を触媒するタンパク質のことです．

何らかの理由でDNAに損傷が生じれば，損傷した部分を修復しなければなりません．また，細胞を取り巻く環境が急に変化したりする時には，RNAは新たな分子に作り替えられる必要があります．もし，このジエステル結合が，原子番号（第2章で説明します）がリンより一つ少ないシリコンによる結合であったなら，結合が強すぎて酵素を用いても容易に分解することはできなかったことでしょう．逆に，原子番号がリンより一つ多い硫黄の場合には，今度は結合が弱すぎて安定に存在することができないといわれています．このように，リン酸ジエステル結合は，生物が穏和な条件下において，生体物質をダイナミックに作り替えるために，丁度よい強さの結合なのです．私たちの体は，見た目には不変のようですが，体を構成している物質は，古いものから新しいものに常に作り替えられています．例えば，細胞がエネルギーを獲得する時に重要な役割を果たすアデノシン三リン酸（ATP）分子などは，約十秒に一度の頻度で作り替えられています（黒田章夫『リン資源枯渇危機とはなにか』第3章，大阪大学出版会，2011年より（文献4））．

1.3 人はどれだけリンが必要か

厚生労働省は，国民の健康の保持・増進を図るうえで摂取することが望ましい栄養素の量を「日本人の食事摂取基準」として定めています．リンについては，日本人が当面目標とすべき摂取量（目安量）を，おとなの場合平均して1日一人当たり約0.8～1.0gとしています（表1.3）．表1.3をみますと，成人では女性よりも男性の摂取量が約25%多くなっていますが，これは男女間の体重の差の割合とほぼ同じです．また，体重がおとなの1/4ぐらいしかない3歳

表 1.3　日本人の食事摂取基準（単位 mg リン/日）（文献 5）

	男性		女性	
年齢等	目安量	耐容上限量	目安量	耐容上限量
0～5（月）	120	—	120	—
6～11（月）	260	—	260	—
1～2（歳）	500	—	500	—
3～5（歳）	800	—	600	—
6～7（歳）	900	—	900	—
8～9（歳）	1000	—	900	—
10～11（歳）	1100	—	1000	—
12～14（歳）	1200	—	1100	—
15～17（歳）	1200	—	900	—
18～29（歳）	1000	3000	800	3000
30～49（歳）	1000	3000	800	3000
50～69（歳）	1000	3000	800	3000
70 以上（歳）	1000	3000	800	3000
妊婦	—	—	800	—
授乳婦	—	—	800	—

児でも，骨の成長のために 1 日約 0.8 g のリンを摂ることが望ましいとされています．このように，年齢や性別で必要とするリンの摂取量は多少異なりますが，日本人一人が 1 日に摂取すべきリンの量は，だいたい 1 g と考えてよいでしょう．

私たちが食べた食事に含まれるリンの約 35％は，体に利用されないまま腸を素通りして大便となって出て行きます（図 1.2）．残りの約 65％のリンが腸などで吸収されて，私たちの生命の維持と活動に利用され，残りは骨に貯蔵されます．一方，それとほぼ同量のリンが尿に含まれて体外に排泄され，おとなの体の中にあるリンの量はほぼ一定に保たれています．一見すると，食事に含まれるリンの約 35％は無駄のように見えますが，この無駄を省こうとすると腸などから吸収されるリンの量も減ってしまいます．

ところで，日本人一人が 1 日約 1 g のリンを必要とするとすれば，1 年間では約 365 g になります．簡単な掛け算から，約 1.25 億人の日本人全体では 1 年

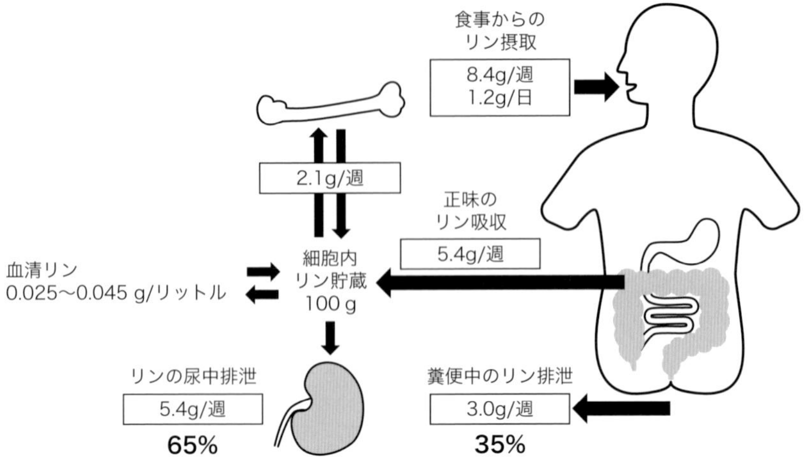

図 1.2 健康な成人男子のリン代謝（文献 6 より）
この図では，おとなの男性のリン摂取量を 1 日当たり 1.2 g としています．

間に約 4.6 万トンのリンが必要であることがわかります．前にも述べましたように，日本人の体内には合計して約 7 万トンのリンがありますから，日本人の体内のリンは平均して約 1 年半で入れ替わっているようです．1 日に摂取したリンの約 65% しか利用されないことも含めて考えれば，体内のリンは約 2.4 年ですべて新しいものと置き換わっていることになります．

もし，日本人ひとりが平均寿命に近い 80 歳まで生きるとすれば，生涯を通して約 29 kg のリンが必要になります．これは小学校 4 年生の男児の平均体重と同じぐらいです．約 1.25 億人のすべての日本人が 80 歳まで生きるとなりますと，約 370 万トンものリンが必要になります．約 370 万トンとなりますと，日本人約 6200 万人分の体重に相当しますから，なんと日本の総人口の約半分の人の体重と同じぐらいになります．約 1.25 億人の日本人の体の中にあるリンの量は約 7 万トンでほぼ一定ですから，約 370 万トンのリンを摂取しても残りの約 363 万トンは捨てられ，人体への歩留まりはわずか約 2% に過ぎません．したがって，リサイクルでもしない限り，1.25 億人の日本人が 80 歳までに消費するリン約 370 万トンのほとんどは，一度使っただけで捨てられることになります．この量は，世界の 76 億人が 1 年間に必要とするリン量約 280 万トンの 1.3 倍ほどもあります．日本にリン資源がないことや世界のリン資源が枯渇する可能性を考えれば，何ともったいない話ではないでしょうか．いずれにせよ，日本は国民の生命を維持するだけでも，毎年少なくとも約 4.6 万トンのリンを海外からもってこなければなりません．国民が生きるために必要な量のリンを，毎年海外から確保することは国の責務なのです．

アイザック・アシモフの予言

現在，世界の人口は 76 億人を超えています．世界の人口は今後も増え続け，2050 年には 90 億人にまで達するといわれています．地球上には，人間のほかにも 1000 万種を超える生き物が暮らしています．いったいこの地球上には，どれだけ多くの生き物が棲むことができるのでしょうか？

今から 50 年以上も前に，米国の空想科学作家であり生化学者でもあったアイザック・アシモフ（Isaac Asimov）という人が，『生命のボトルネック』と題するエッセイの中で，「リンがやがて地球の生物量を制限する」と予言しています．アシモフは，植物の体と土壌に含まれている元素の割合を比較して，植物の体にどの元素が一番多く濃縮されているかを調べました．植物は，体内に多く濃縮されている元素ほど集めるのに苦労することになりますので，植物が増えるのを抑える可能性が大きいと考えたからです．

図 1.3　アイザック・アシモフ
（Shutterstock）

アシモフが調べた結果は，おもな元素の中でリンが一番多く濃縮されていることを示していました．アシモフは，リンを「生命のボトルネック」と呼んでいます．ボトルネックとは，瓶の首が細くなった部分のことです．リンが生物の体で一番多く濃縮されているということは，生物が増え続けようとする時，リンが最初に足りなくなる可能性があることを意味しています．リンが足りなくなれば，ほかの元素がいくらあっても，生物は増えることができません．アシモフはまた，「石炭は原子力に，木材はプラスチックに，肉は酵母に，そして孤独は友好に代えられるが，リンには代わりになるものがない」ともいっています．

2

リン鉱石は枯渇する

いま，人間が使うリンのほぼすべては，地下資源のリン鉱石から得られています．自然界でリン鉱石ができるには，数千万年もの長い年月が必要です．これは，人間の寿命の長さと比べれば，とてつもなく長い年月です．このためリン鉱石は，人間が掘り続ければいずれ枯渇する地下資源といわざるをえません．第 2 章では，まずリンとは何かについて説明し，次にその資源の枯渇をめぐる議論を紹介します．

米国フロリダ州のリン鉱石採掘場（米国スティーブンス工科大学 D. バッカーリ教授提供）

2.1　そもそもリンとは何か

元素は軽いものから順に番号（原子番号といいます）がつけられています．また，書くときには元素は元素記号と呼ばれるアルファベットの1文字または2文字(例えば水素はH，鉄はFeなど)で表されます．リンの原子番号は15で，すべての元素の中で15番目に軽い元素になります（図2.1）．元素記号はPと書かれます．リンはまた，金や銀などのように昔から人間が見たり触ったりしてきた金属とは違い，人類が実験を通して最初に発見した元素です．

リン発見の話は，いまから約350年前の1669年にまで遡ります．この年，ドイツ・ハンブルグのヘニッヒ・ブラント（Hennig Brand）という錬金術師がリンを発見しました(図2.2)．ブラントは，当時この世に存在すると信じられていた鉛や銅などを黄金に変える石(ハリー・ポッターにも出てくる賢者の石）を見つけようと，人の尿をバケツ60杯分ほど集め，砂を混ぜて加熱し水分を蒸発させてから，残留物を水で洗いさらに加熱したところ，空気中で青白く光る興味深い物質を発見しました．

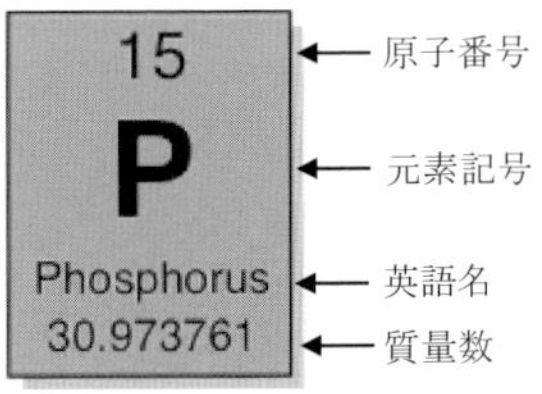

図2.1　リン元素

ブラントがなぜ人の尿に着目したのか，少し不思議に思われるかもしれませんが，当時の錬金術師の教科書には，人の尿を使って銅や亜鉛や鉛などを黄金に変えることができると書かれていたようです．ブラントがどうやってバケツ60杯分（約5500リットル）もの尿を集めたのかもはっきりしていませんが，ドイツの軍隊に頼んだとか，酒場でビール飲みの尿を集めたなどと，いろいろといわれています．おもしろいことに，ブラントが人の尿から賢者の石を発見したらしいとの噂が伝わると，ドイツでは尿を捨てずに家に貯めておく人が増えたそうです．しかし，ブラントが発見したのは賢者の石ではなく，やがてリンと呼ばれることになる物質でした．ブラントの実験は，現在の黄リン（図2.3）の製造方法（第5章で詳しく説明します）とよく似ています．煮詰められた尿には，リン酸とその還元剤になる炭素（有機物）が含まれており，添加された砂にはケイ酸（SiO_2）が含まれています．もっとも，現在の黄リンの製造では，原料には尿ではなくリン鉱石を用いており，また当時はなかった電気炉が使われている点では違いがあります．

ブラントは，この空気中で青白く光る物質を，ギリシア語で「光を運ぶもの」という意味の *φωσφόρος*（*φωσ*＝光，*φόρος*＝運ぶもの，英語で phosphorus）と名づけました．もちろん，リンの元素記号 P（ピー）は英語の phosphorus の頭文字です．なお，英語では「おしっこ」のこともピー（pee）といいますが，これはブラントが尿からリンを発見したこととは関係ないようです．発見当時に，錬金術師たちが用いたリンの記号は図 2.4 のような記号でした．こちらの方が P よりも，まさに光を発する物質のイメージが，うまく表現されているように思います．一方，リンの存在をまだ知らなかった古代ギリシアの人々は，夜明け前に青白く輝いて見える金星のことを phos-

図 2.2　賢者の石を探す錬金術師
1669 年にドイツ・ハンブルグのヘニッヒ・ブラント（Henning Brand）という錬金術師がリンを発見した．絵は，英国の画家ジョセフ・ライト（Joseph Wright）が 1771 年に描いたブラントによるリンの発見の様子です．

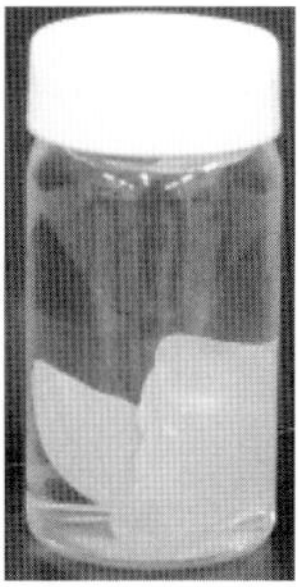

図 2.3　黄リン（文献 2）

図 2.4　錬金術師が用いたリンの記号

phorus と呼んでいたようです．

ブラントによるリンの製造法は効率が悪く，約 5500 リットルの尿（約 7.7 kg のリンを含みます）から，わずか 100 g あまりのリンしか得ることができませんでした．しかし，ブラントの死から約 100 年後に，スウェーデンの化学者シェーレ（C.W. Scheele）とガーン（J.G. Gahn）が，尿の代わりに動物の骨を使い，黄リンを大量に製造することに成功しています．現代化学の父と呼ばれるフランスのラボアジェ（A.-L. Lavoisier）によって，リンが正式に元素として認められたのも，ブラントの死から約 100 年後のことでした．なお，日本語ではリンは漢字で「燐」と書きますが，中国語では火へんが石へんになって「磷」になります．中国語の「磷」という漢字がもともとどんな意味をもっていたのかはわかりません．また，なぜ日本と中国で違う漢字が使われているのかもよくわかりません．ひょっとすると，リン鉱石のある中国では石のイメージが強く，リン鉱石をもたない日本では，マッチの火の印象が強かったのかもしれません．ちなみに，日本で最初にマッチの試作に成功した人は，江戸末期（1848 年）の川上幸民という蘭学者です．

2.2　リンの同素体

自然界では，リンは同じ元素だけからなる物質（単体といいます）で存在することはありません．鉄隕石などに含まれるリン化物（FeP など）を除いて，自然界でリンは酸化物（ほとんどがリン酸イオン（PO_4^{3-}）とその化合物）の形で存在しています．もっとも，単体のリンを人工的に作り出すことは可能です．単体のリンは，その構造により色が変わるため，白リン，黄リン，赤リンや黒リンなどと，見た目の色で呼び名がつけられています（図 2.5）．これらは，みな同じ元素でできていますので同素体といいます．

最も単純な構造をしたリンの単体は，2 つのリン原子が 3 重結合したガス状の P_2 分子（大気中の N_2 分子と構造が似ています）ですが，P_2 は容易に 2 分子が結合して，リン原子 4 つが正四面体を構成する白リン（P_4）になります．白リンは時間の経過とともに白リンの不定形なポリマーである赤リンに変化することが知られており，黄リンは白リンにこの赤リンが少し混ざったもののよ

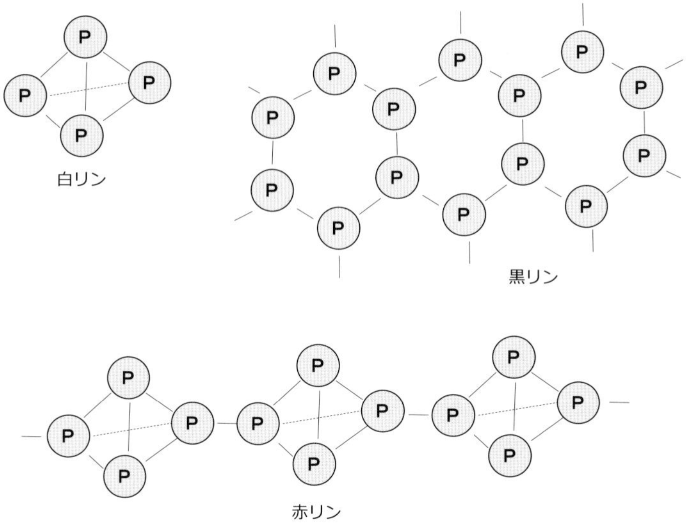

図 2.5　白リン，赤リン，黒リンの化学構造

うです．白リンと黄リンは，空気中では室温でもゆっくりと酸素と反応して青白い光を出します．この青白い光がリンの名前の出所です．17 世紀にブラントが人の尿からみつけた物質は黄リンであったと考えられています．白リンと黄リンの発火点（空気中で自発的に燃焼が始まる温度）は約 60℃ですので，何らかのショックでまわりの温度が上がれば，自然発火を起こす可能性があります．そのため，白リンと黄リンは水中に保管し（融点が約 44℃，沸点が 280℃で，比重が約 1.8 ですので，常温では固体となり水には溶けず容器の底に沈みます），酸素に触れないようにすることが，法律で義務づけられています．一方，赤リンの発火点は約 260℃ですので，室温で自然発火することはまずありません．マッチの場合，赤リンが塗られた赤茶色の部分（側薬といいます）をマッチ棒で擦ると，摩擦熱で赤リンが発火し，マッチ棒の先端に塗られた硫黄などの燃えやすい物質に引火して火がつくようです（図 2.6）．

1922 年頃まで世界では，黄リンがマッチの原料として使われていました．1848 年に発表されたアンデルセンの童話に出てくる「マッチ売りの少女」が売っていたのは，この黄リンマッチのようです．しかし，黄リンマッチは自然発火しやすく，製造工場では有毒な黄リンによりあごの骨が溶ける顎骨壊死《がくこつえし》などの職業病も発生したため，黄リンマッチは1922年に米国のワシントンで開催された国際労働会議で製造が禁止となり，より安全な赤リンマッチが製造されるようになりました．

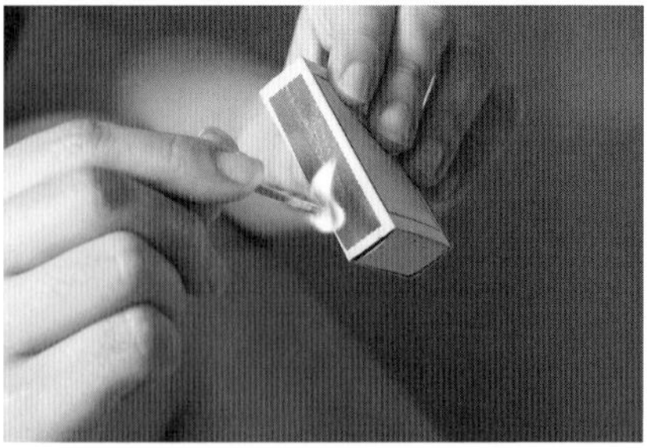

図 2.6　マッチ（Shutterstock）
側薬に赤リンが使われています．

ところで，世界のあちこちで「燃える石」が発見されたとの報道がなされています．例えば，2013年に沖縄の比謝川《ひじゃがわ》という川の浅瀬で，「燃えている石」が見つかったとの報道がなされています．この石は水に浸していないと燃え出して危険なため，消防署員がこれを沖縄県衛生環境研究所に持ち込んで分析を依頼したところ，主成分がリンであることがわかりました．また，米国のカリフォルニア州でも，女性がビーチに遊びに行ったときに拾った石を，ポケットに入れたままにしていたところ，突然石が燃え出して大やけどを負ったという事件も起きています．ほかにも，タイや中国などで「燃える石」が見つかったという記録があるようです．白リンは，第一次世界大戦頃から爆発よりも火災を起こすことを目的として使われる焼夷弾として，戦地で盛んに使われていました．世界のあちこちで発見されている「燃える石」のほとんどは，戦時に使用された白リン焼夷弾の不発弾の一部であることが，その後判明しています．

2.3　リンは地球のどこに

リンは地球の表面を覆う地殻と呼ばれる岩石層を構成する元素の中では，重量比率で11番目に多く，地殻には約0.12％含まれています．地殻におけるリンの存在量は，約 4×10^{15} トンもあります．化学肥料を散布していない土壌には，リンは重量比率で約0.05〜0.08％含まれています．これは地殻のリン含有率よりも少し小さな値です．一般に，岩石が風化してできた土壌中のリンは，植物に利用されたり雨によって流されたりしますので，肥料などをまかない限り，土壌中のリンは地殻よりも少なくなります．一方，人為的に汚染されていない水には少なく，せいぜい 0.0001％程度の濃度でしか存在しません．また，大気にはリンを含んだ微粒子が飛散していない限り，リンが検出されることはまずありません．前にも述べましたように，人体には約 1％のリンがあります．人体は，リンを地殻よりも約 10 倍多く濃縮しています．

地球に存在するリンは，太陽系ができる前に宇宙のどこかでつくられたものです．最近，英国カーディフ大学のグリーブス（J. Greaves）という科学者が，宇宙には生命に不可欠なリンが不足しており，これまで考えられていた以上に，地球外の生命体は存在しないのではないかとの研究を発表して話題になりました．宇宙生物学という分野の学者たちは，宇宙における生命体の存在の手がかりとして，リンに着目してきました．以前より，大きな星が一生を終える時に起こす超新星爆発（図 2.7）により，宇宙のリン元素が大量につくられたことはわかっていましたが，グリーブスの発表によれば，どの超新星爆発でも同じようにリンがたくさんできるわけではないようです．私たちの太陽系は，たまたま過去にリンを多く作り出した超新星爆発があったところの近くで誕生したために，地球にもリンが多く存在して，それがやがて地球の生命の誕生につながった可能性があります．

137 億年も昔に「ビッグバン」と呼ばれる大爆発で，私たちのいる宇宙は誕生しました．原子のレベルでいいますと，最初に原子番号 1 の水素とわずかばかりのヘリウム（原子番号 2）とリチウム（原子番号 3）ができ，これらが重力により集まって最初の星（水素の雲のようなもの）ができたようです．続いて星の内部で起きた核融合反応（水素やヘリウムなどの軽い原子核どうしが融合して，より重い原子核を形成する反応）で，原子番号 26 の鉄までの原子が生まれます．原子番号 15 のリンは，原子番号 8 の酸素原子どうしの核融合反応（酸素燃焼過程といいます）でつくられます．核のエネルギーが最も少ない鉄原子ができると核融合反応

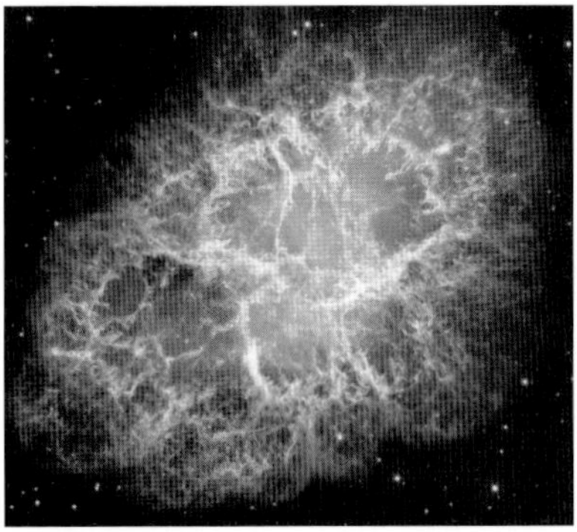

図 2.7　超新星爆発（NASA, ESA, and the Hubble Heritage Team（STScl/AURA））

は終わってしまうため，鉄よりも大きな原子は誕生しません．

しかし，鉄でいっぱいになった星は重力により急速に収縮し，その反動で大爆発（超新星爆発と呼びます）を起こし，その時に放出されたエネルギーにより，鉄よりも重いすべての種類の原子が誕生したといわれています．その際にリンも，10億℃の高温でたくさんつくられたようです．太陽系は，46億年前に超新星爆発でできた原子がまとまって誕生し，やがてその惑星の一つとして地球が誕生しました．太陽系の元素組成比（原子数の割合）を見ますと，リンは17番目に多い元素です．人間の体では，リンは原子の数の多さの順番でも6番目に多い元素ですので，やはり生物はリンを多く濃縮しているようです．

リンは原子のままでは不安定で，ほかの原子との反応性に富みますので，誕生した頃の地球でもリンが原子のままで存在したとは考えられません．ホスフィン（PH_3）のような還元型のガスが存在したことも否定できませんが，酸素と結合してリン酸となるか，鉄やニッケルなどと還元性の強いリン化物を形成していた可能性が高いようです．事実，2010年に日本の小惑星探査機「はやぶさ」が小惑星イトカワの微粒子を持ち帰り話題になりましたが，その微粒子の中にアパタイト（$Ca(PO_4)_3(F, Cl, OH)$）およびウィットロカイト（$Ca_9(MgFe)(PO_4)_6PO_3(F, Cl, OH)$）と呼ばれる2種類のリン酸塩がみつかっています（図2.8）．

一方，宇宙から地球に飛来した隕石にも，リンを含む鉱物が何種類か発見されており，その代表的なものにシュライバーサイト（schreibersite）と呼ばれる鉄とニッケルのリン化物（化学組成は$(Fe, Ni)_3P$）があります．リンの化合物の中でも，リン酸が地球の生命の誕生に極めて重要な役割を果たしたことは間違いありませんが，リン酸がどのようにして初期の生命体に供給されたのかについては，まだ明らかになっていません．アパタイトやウィットロカイトのようなリン酸塩では，そこに含まれるCa^{2+}やMg^{2+}などが有機物とリン酸との反応を阻害するようです．一方，鉄隕石に含まれるシュライバーサ

図 2.8 小惑星探査機「はやぶさ2」の想像図 ©JAXA

イトは，水に触れるとリン原子が酸素原子と結合して，リン酸塩を含むさまざまなリン化合物に変化することが知られています．シュライバーサイトには Ca^{2+} も Mg^{2+} も含まれませんので，宇宙からやってきたシュライバーサイトが，地球における生命の誕生に関係したのではないかとの議論もなされています．地球の深海でも，マグマにより熱せられた水が噴出する海底熱水噴出孔の付近では，アワルワ鉱（awaruite）と呼ばれる鉄とニッケルの合金が見つかっており，よく探せばアワルワ鉱のリン化物が見つかる可能性もあります．もし，アワルワ鉱のリン化物が見つかれば，宇宙からシュライバーサイトが地球にやってこなくても，地球上で生命の起源につながるリン酸の形成が可能であったかもしれません．

リンは陸から海へ流れて失われる

川の水は，陸から海へ向かって流れます．自然には，陸から海へ運ばれた水を再び海から陸へ戻す力があります．海面で蒸発した水は，大気の流れによって陸へ運ばれ，やがて雨となって陸を潤します．雨となって地上に降り注いだ水は，自然に集まって川となり，再び海へと戻ります．このように，水の場合には陸から海へ流れ出ても，自然の力が水を海から陸へと戻してくれます．リンは水によく溶けますので，川の水と一緒になって陸から海へと運ばれます．しかし，水と違ってリンの場合には，海から陸へ戻す自然の力がずっと弱いのです（図 2.9）．

岩石が風雨にさらされて風化作用を受けますと，岩石の中に閉じ込められていたリンが溶け出します．岩石から溶け出したリンの一部は，土壌に吸着されたり植物に利用されたりします．残りは雨が降れば水に含まれ，やがて川の流れによって海へと運ばれて行きます．この自然の力によって，太古の昔から地球全体で，毎年約 0.1 億トンのリンが，陸から海へと運ばれていたようです．ひとたび海へ流れ込んだリンは，広い海の中で拡散してしまいますから，人間が再び集めて利用することは大変困難になります．

リンが陸から海に運ばれ続ければ，長い年月の間に陸上のリンは，すべて海に運ばれてしまうことになります．しかし，実際には地殻変動によって，海

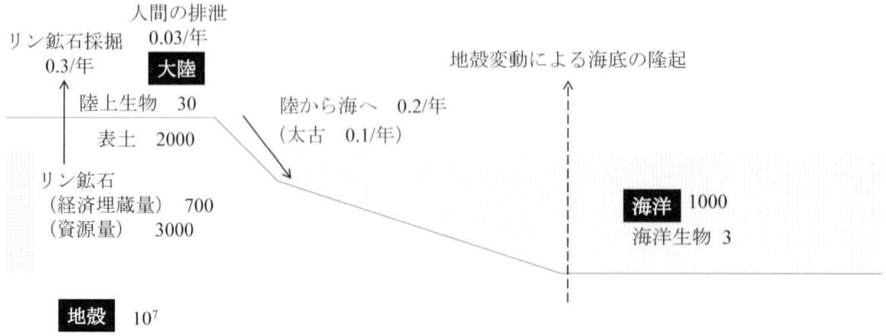

図 2.9　地球上でのリンの循環（単位　億トン P）
経済埋蔵量と資源量はリン鉱石の量（億トン）

底の堆積層が地上に持ち上げられることにより，リンが再び陸地に戻されて，地球規模でのリンの自然循環が成り立っていたようです．事実，最近の古地質学の成果によりますと，長い地球の歴史の中では，激しい地殻変動が起こり，海底に堆積したリンが陸地に戻されたことが度々あったようです．

例えば，いまから数千万年前に，インド大陸とユーラシア大陸が衝突してヒマラヤ山脈が生まれた時には，大量のリンが海底から陸上に持ち上げられたそうです．その結果，海底から陸上に供給されたリンを利用して，植物の光合成活動が活発化し，大気中の二酸化炭素濃度が減少して，地表付近の気温が低下したことさえあったといわれています．生物が利用できるリンの量は，植物の光合成量を制限しますので，地球の炭素サイクルにも影響するようです．陸から海へ流れ出したリンを再び陸へ戻すために，激しい地殻変動が起こるのを待たねばならないとしたら，それは気の遠くなるような長い年月が必要になります．

2.4　リン鉱石とは

前にも述べましたように，リンは地殻の岩石には重量比で約 0.12% しか含まれていません．しかし，自然界ではいくつかの理由で，リンを濃縮した岩石がつくられることがあります（図 2.10）．リンを P_2O_5（五酸化二リン）に換算した重量比で 4% 以上含む岩石のことをリン鉱石と呼ぶことがあります．もっとも，リン鉱石には世界共通の定義はありません．例えば，海洋で堆積してできた鉱石の場合は，P_2O_5 換算で 18% 以上のリンを含むものをリン鉱石と呼んでいます．現在，国際市場で取り引きされているリン鉱石のリン含有率は P_2O_5 換算で 30～40% もあり，リン含有率の高いものだけが選別されて市場に出ているようです．

鉱石に含まれるリンのほとんどは，正リン酸イオン(PO_4^{3-})という形をとり，Ca^{2+}，Mg^{2+}，Fe^{3+} や Al^{3+} などの陽イオンと結合して塩を形成していますので，リンの含有率を表すのにわざわざ P_2O_5 に換算するのは少し理解しにくいところです．しかし，リン鉱石やリン肥料などを扱う業界では，以前から P_2O_5 に換算した数値が慣習として用いられています．以下，リン酸の濃度というときは，P_2O_5 の濃度を意味します．P_2O_5 換算での数値に換算係数 0.436 を掛ければ，リン元素の含有率に変換できます．すなわち，リン鉱石が P_2O_5 換算で 4% 以上のリンを含むということは，リン元素の含有率にしますと，約 1.7% 以上ということになります．この場合，リン鉱石は地殻中の岩石に比べて約 14 倍以上リンを濃縮しているということになります．なお，図 2.10 を見てもわかりますが，リン鉱石を見た目でほかの岩石と区別することはまずできません．

一般に，自然界においてリン鉱石は，次の 3 つのいずれかの過程でつくられることがわかっています．

図 2.10　中国貴州省のリン鉱石
見ただけではリン鉱石かどうかはわからない．

過程1　火山活動により地表付近に噴き出たマグマ（溶岩）が冷えて固まる時に，元素により鉱物の結晶内部への取り込まれやすさや，熱水への溶けやすさに違いがあることなどのため，結果的にリンの多い部分が集まって（濃集といいます）リン鉱石ができることがあります．この過程でつくられるリン鉱石は，火成リン灰石と呼ばれます．リン灰石はアパタイトとも呼ばれ，その主成分はリン酸カルシウムです．

過程2　比較的浅い海の底に生物の遺骸などが堆積して，長い年月をかけてリンを多く含む岩石層が形成され，リン鉱石ができることがあります．このリン鉱石は海成リン鉱石と呼ばれ，地殻の変動により地表付近にまで隆起した時，陸上のリン鉱床となります．この場合も，リン鉱石の主成分はリン酸カルシウムですが，火成リン灰石とは生い立ちの違いにより，共存する元素の種類に違いがあります．

過程3　サンゴ礁が隆起してできた島に，アホウドリなどの海鳥の糞が長年にわたって堆積し，サンゴ礁のカルシウムと糞に含まれていたリンが反応してアパタイトができることがあります．この過程でつくられるリン鉱石は，グアノと呼ばれます．グアノという呼び名は，ペルーなどに住む海鵜《うみう》（図 2.11）の英名 Guanay cormorant に由来しています．

これ以外にも，大昔に大型のほ乳類やは虫類などの糞が風雨にさらされ，窒素や有機成分が分解したり洗い流された後で，残ったリンが石灰と反応して化石化した糞石（コプロライト）と呼ばれるものや，海成リン鉱石が地殻の変動により高温と高圧を受けて変成したリン鉱石もあります．高温と高圧で変成した海成リン鉱石は，中国などで多く見つかっていますが，海成リン鉱石ではなく火成リン灰石として扱われることもあるようです．

図 2.11　海鵜（Guanay cormorant）（Shutterstock）

現在，世界で採掘が行われているリン鉱床はいずれも陸上にあり，その約 95％は海成リン鉱石からなる鉱床です．火成リン灰石からなるリン鉱床は，南アフリカ，フィンランド，ロシア，ブラジルなどにありますが，その量は世界のリン鉱石の経済埋蔵量（後で詳しく説明します）全体の約5%しかありません．また，火成リン灰石にはP_2O_5換算のリン含有率で5%以下のものが多く，市場に出すためにはP_2O_5換算で30〜40%の鉱石のみを選別する必要があります．一方，グアノはもともと量が少ないうえに乱掘による資源枯渇が著しく，世界のリン鉱石の経済埋蔵量に占める割合は，すでに無視できるほどしかありません．現在採掘が行われている世界のリン鉱床は，いずれも陸上のリン鉱床です．これらのリン鉱床のほとんどが海成リン鉱石からなっていることから，陸上のリン鉱石資源が枯渇すれば，まだ海の底に眠っているリン鉱床からリン鉱石を採掘すればよいと考えるのはごく自然のことです．

しかし，海の底であればどこにでもリン鉱床があると思っているとすれば，それは大変な間違いです．20世紀の終わり頃に，世界中の海底リン鉱床の探索が行われました．その結果，図2.12に示された海底リン鉱床がいくつか見つかりましたが，陸上と同様に海底でもリン鉱床はごく限られたところにしか存在していませんでした．新たに見つかった海底リン鉱床からリン鉱石のサンプルをとり年代測定も行われました．しかし，驚いたことに年代が70万年よ

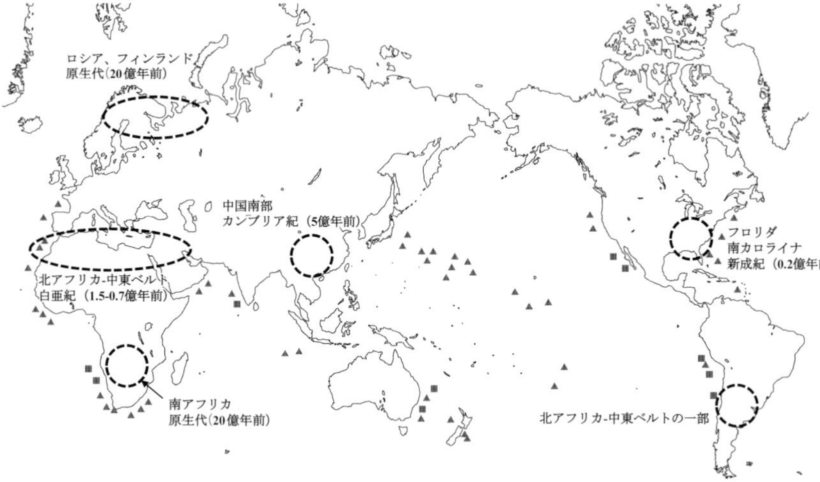

図2.12　世界のおもなリン鉱床
▲は海底のリン鉱床．■は現在形成されつつあるリン鉱床（文献7）

りも新しい海底リン鉱床は，アフリカのナミビア沖や南米のペルー沖などのわずか数ヶ所にしか見つかりませんでした．

海成リン鉱石の主成分であるアパタイトの溶解度は温度が低く圧力が高いほど大きいので，アパタイトは水温の低い深海よりも温暖な水域の大陸棚で沈殿しやすいといわれています．しかし，過去 20〜30 年の間に世界各地の大陸棚で油田の探索が盛んに行われていますが，その際にも新たなリン鉱床が発見されたという報告はありません．海底にリン鉱石床ができるためには，①リンを多く含む栄養豊かな深層水が海面付近まで湧き上がる海流（湧昇流といいます）があり，②海面付近が温暖で盛んな生物生産が行われリンが生体中に濃縮される一方で，③陸域から土砂が多く流れ込まない大陸棚があることなど，いくつもの条件が揃うことが必要なのです．

挫折する海底リン鉱床の採掘事業

世界のいくつかの海では，海底のリン鉱床からリン鉱石を採掘する事業が検討されていますが，まだ実際に行われたことは一度もありません．リン鉱石の価格が安く事業の採算性が取りにくいこともありますが，いずれの海域でも採掘による生態系への影響が懸念され，漁業関係者や環境保護を求めるグループなどからの反対が強く，採掘を開始するための国の許可が得られなかったり，事業の開始差し止め訴訟がなされていることがおもな理由です．

例えば，ニュージーランドのクライストチャーチ市から約 450 km 東に位置するチャタム海膨（Chatham Rise）と呼ばれる浅い海域（図 2.13）には，700〜1200 万年前に形成されたリン鉱床があります．この海底リン鉱床は 1952 年に発見され，広さ約 380 km^2，水深約 400 m の海底に，推定埋蔵量約 2500 万トンのリン鉱石資源が眠っています．チャタムリン鉱石会社（Chatham Rock Phosphate）は，7500 万米ドルの経費をかけて資源調査と環境影響評価を行い，2014 年 6 月に採掘許可の申請を行いました．

この海底リン鉱床では，リン鉱石が丸い塊（ノジュール）を形成しており，大型船から下ろしたホースを海底の砂の層に約 30 cm 突き刺し，吸い上げた砂から径 1〜150 mm のノジュールだけをふるいで分け，これ以外のものは別

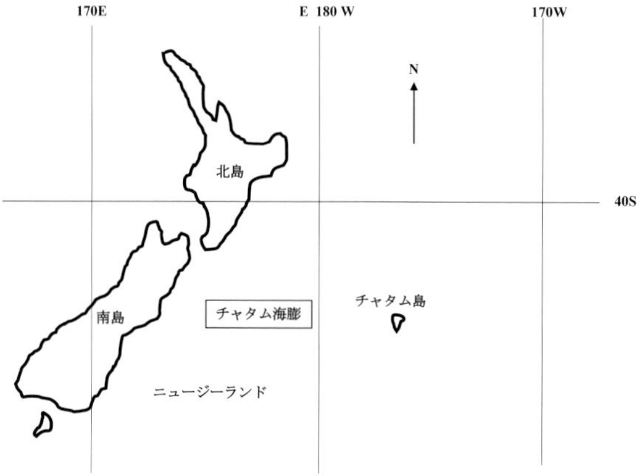

図 2.13　ニュージーランド沖のチャタム海膨

のパイプで海底近くへ戻す計画でした．しかし，ニュージーランドの環境保護庁は 2015 年 2 月，この事業が海洋環境に深刻かつ長期的な影響を及ぼしかねないとして申請を認可しませんでした．この海域にはサンゴをはじめ，200 種の魚と 28 種の鳥，鯨やイルカが生息しており，リン鉱石の採掘が生態系に及ぼす影響が深刻であると判断されたことが却下のおもな理由のようです．

一方，アフリカのナミビアでは，2009 年 4 月にナミビア沖 60 km（水深約 180〜300 m）にある海底リン鉱床の試掘調査が行われた結果，埋蔵量が約 8 億トンもあると推定され，貝殻そのほかの不純物を取り除けば，リン含有率 18%（P_2O_5 換算で約 42%）のリン鉱石が得られることがわかりました．この試掘を行った民間会社（Namibia Marine Phosphate）は，ナミビア政府に世界で最初の海底リン鉱床からのリン鉱石採掘事業の許可申請を行い，2011 年 7 月に環境および生態系影響評価を実施することを条件として事業が認可されました．しかしこの海域を漁場とする漁業団体は掘削事業は漁業への影響が大きいとして，国に事業の認可の取り消しを求めて訴訟を起こし，事業は申請の許可が出されてから 8 年が経過したいまも実施に至っていません．

南アフリカ共和国でも，複数の民間企業が海底リン鉱床からのリン鉱石掘削事業を計画しましたが，掘削予定水域が漁業水域と重なり，漁業組合や環境保護団体の反対を受けていずれも実施に至っていません．また，メキシコでも民間から同様の事業申請がなされましたが，メキシコ政府は認可していません．海底リン鉱床からのリン鉱石採掘は，海底の生態系に与えるダメージが大きく，ウランなどの天然放射性物質や有害重金属の拡散や漁業資源への影響という問題もあり，よほど陸上のリン資源が枯渇しリン鉱石の価格が高騰しない限り実現は難しいようです．海底リン鉱床からのリン鉱石採掘に反対する環境保護団体は，下水や家畜糞尿などからのリン回収とリン肥料の利用効率を改善することの方が，環境によりやさしく，優先すべき事業であると主張しています．

2.5　リン鉱床はいつできたのか

リン鉱床がいつごろできたかは，そのリン鉱床からリン鉱石を採取して，サンプルに含まれるウラン 238（ウラン元素の中で質量が 238 のもの）などの半減期の長い放射性核種を使った年代測定法により推定することができます．地球 46 億年の歴史の中で，最初に形成されたリン鉱石は火山性のものであったと考えられています．例えば，南アフリカやスリランカで見つかっている火成リン灰石は，約 20 億年前の火山活動に由来しているようです．これらの火成リン灰石の形成後は，しばらくリン鉱床の形成は見られず，いまから約 6 億年前頃になって海成リン鉱石の鉱床の形成が始まります．その直前，地球は全球凍結と呼ばれる氷河時代で，地球全体がすっぽりと氷で覆われていました．やがて氷が溶け始めると，流れる水により大陸の岩石が削られて，大量のリンが海にもたらされたようです．

海に流れ込んだ大量のリンは，約 5 億年前に地球史上最も重大な生物進化の出来事（カンブリア大爆発と呼ばれています）を引き起こし，いまの地球にいる多細胞生物たちの先祖を誕生させたといわれています．生物は効率よく海水からリンを取り込み体内にリンを濃縮しますが，やがて死んで海水から濃縮したリンを海底に沈殿させます．現在採掘が行われている陸上のリン鉱床のほとんどが海成リン鉱石からなることを考えますと，5 億年前のカンブリア紀以降に活発となった海洋での生物活動が，いかにリン鉱床の形成に重要であったかがわかると思います（図 2.14）．

おもしろいことに，カンブリア紀以降でも，リン鉱床はおもに次の 5 つの時期に集中して形成されたことがわかっています．すなわち，古生代のカンブリア紀～オルドビス紀（約5.4～4.4億年前），デボン紀（約4.2～3.6億年前），ペルム紀（約3.0～2.5億年前），中生代のジュラ紀～白亜紀（約2.0～0.7億年前）および新生代の旧成紀（約0.7～0.2億年前）と呼ばれる時代に，リン鉱床の形成年代が集中しています．これらの時期にリン鉱床の形成が集中した理由は必ずしも明らかではありませんが，これらの時期の地球は温暖化しており多雨多湿で，陸上の岩石の風化がいつもより早く進み，多くのリンが海洋に流れ込んだようです．中生代のジュラ紀～白亜紀には，地球規模で海洋の底層水の酸素がなくなって，生物の大量絶滅につながった出来事（海洋無酸素事変と呼ばれます）が発生したことも知られており，ジュラ紀～白亜紀のリン鉱床の形成に関係がありそうです．そのほか，リン鉱床が形成されやすい大陸棚が発達した時期も，リン鉱床が形成された時期と関係があるようです．

図2.14　カンブリア紀の生物アノマロカリス（Shutterstock）

ヨーロッパ人がペルーでグアノを発見したのは1803年のことです．1829年には，英国で糞石が発見されています．火成リン灰石は19世紀の中頃ロシアのコラ半島で発見され，海成リン鉱石が米国のサウスカロライナ州で発見されたのも19世紀の中頃です．しかし，世界で初めてリン鉱石の採掘が行われたのは，英国で1840年代の中頃といわれています．世界最大の埋蔵量を誇るモロッコのリン鉱石は，1914年に発見されて1921年から採掘が始まっています．いま世界の食料生産を支えているリン鉱石は，採掘が始まってまだわずか180年ほどしか経っていないのです．

米国におけるリン鉱石の発見

米国は，中国に次いで世界第 2 位のリン鉱石の産出国です．現在，米国内のリン鉱石の産地はフロリダ州とノースカロライナ州にあり，両州で全米の生産量の約 80%を占めています（図 2.15）．残りの約 20%は，アイダホ州とユタ州で掘られています．ノースカロライナ州からフロリダ州にかけての米国南東部に存在するリン鉱床は，いまから 2300～500 万年前の中新世の時代に当時の大陸棚で形成されたものであり，最初に発見されたのはサウスカロライナ州のチャールストンです．チャールストンでのリン鉱石の発見は，米国がまさに南北戦争に突入しようとしていた 1859 年のことですから，いまから約 160 年ほど前の話になります．

その石は，チャールストンならどこにでもあり，この地域の主要産物である綿花の栽培に邪魔になるばかりか，砕くと嫌なにおいを放つことから，「臭い石」と呼ばれる厄介者でした．その石の価値に気づくものは誰もおらず，とくに農民には一番の嫌われ者となっていました．この頃，チャールストンをはじめ米国南東部の農民たちは，ペルー産のグアノを肥料に使用していましたが，グアノの資源量はもともと限られていたため，米国のグアノの輸入量も 1856 年をピークに減り始めていました．

一方 1843 年には，ドイツの化学者リービッヒ（J. Liebig）が，骨に含まれるリンが農作物の生育に効果を発揮することを実証し，骨から得られるリンがやがてリン鉱石と呼ばれるようになる石からも得られることを発見します．このリービッヒの発見は肥料会社を掻き立て，世界中でリン鉱石探しが始まることになります．そしてペルーのグアノが枯渇を始めた 1855 年，サウスカロライナ州の農学者シェパード（C.U. Shepard）は，たまたま手に入れたカリブ海のモングスと呼ばれた島のリン鉱石の化学成分を分析して，それがチャールストンならどこにでもあるあの臭い石と成分がよく似ていることを発見します．

1859 年にシェパードが，チャールストンの臭い石が価値の高い肥料資源であることを発表しますと，たちまち厄介な石は一転して農民の救世主となります．チャールストンでは，南北戦争の終了後ただちに，リン鉱石を原料に肥料産業が花開き，その後大きく発展を遂げます．しかし，サウスカロライナ州のリン肥料産業は，1890 年代まで世界をリードするものの，次第に資源の枯渇

図 2.15　米国フロリダ州のリン鉱石の採掘現場
（米国スティーブンス工科大学 D. バッカーリ教授提供）

により採掘コストが増加して急速に衰退します．とくにリン鉱石採掘に伴う環境の破壊は深刻で，いまやサウスカロライナ州のリン鉱石の採掘場跡は，米国環境庁により米国で最も荒廃した土地に指定されるまでに至っています．1883年にはフロリダ州でもリン鉱石が発見され，やがてフロリダ州はサウスカロライナ州に代わり，米国最大のリン鉱石の産地になります．最盛期には，フロリダ州は全米の約 75%のリン鉱石を産出したものの，サウスカロライナ州と同様に次第に資源の枯渇や環境問題が目立つようになります．その結果，1996年に至り米国は，ついにリン鉱石の海外輸出を停止します．チャールストンでリン鉱石が発見されてから，わずか 100 年あまりの出来事でした．

2.6　リン鉱石はどれだけある

現在の技術で採掘して採算がとれる鉱石の埋蔵量を，経済埋蔵量（英語で reserve）と呼びます．米国地質調査所（USGS）によりますと，2017 年現在の世界のリン鉱石の経済埋蔵量は約 700 億トンあるようです（図 2.16）．米国地質調査所とは，米国内務省所管の研究機関として 1873 年に設立され，地震や天然資源などに関する調査を行う連邦政府の調査研究機関です．

前にも述べましたが，リン鉱石の中でも，グアノはすでに枯渇が進行しており，火成リン灰石ももともと少ないので，世界のリン鉱石の経済埋蔵量のほとんどは海成リン鉱石によるものです．なお，米国地質調査所のリン鉱石の経済埋蔵量は，リン鉱石の産出国が公表した数値を集計したものに過ぎませんので，データの客観性と信頼性については，以前から疑問が投げかけられています．どの鉱物資源でもそうですが，経済埋蔵量なるものは，採掘会社がビジネス上の理由で公表している数値の寄せ集めに過ぎず，その数値がどれだけ科学的な議論に耐えられるかどうかはわかりません．このことは，リン鉱石の資源問題について議論をする時には，よく注意しておかなければなりません．

図 2.16 を見ますと，世界のリン鉱石の経済埋蔵量が，地域的に非常に偏っていることがわかります．世界 196 の国の中で，商業的にリン鉱石を産出している国は 20 程度に過ぎず，日本を含め世界の約 9 割の国は，これらの産出国からリン鉱石を輸入しています．中でも，旧スペイン領西サハラを含むモロッコ王国（北アフリカの旧スペイン領であったサハラと呼ばれる地域の西半分をモロッコ王国が実効支配しています）のリン鉱石の経済埋蔵量は非常に大きく，旧スペイン領西サハラを含むモロッコ王国だけで世界のリン鉱石経済埋蔵量の約 75%を占めています．

自然界でリン鉱石が生成するには，何千万年もの長い年月が必要です．いくら人生百年の時代といいましても，これは人間の寿命と比べて途方もなく長い

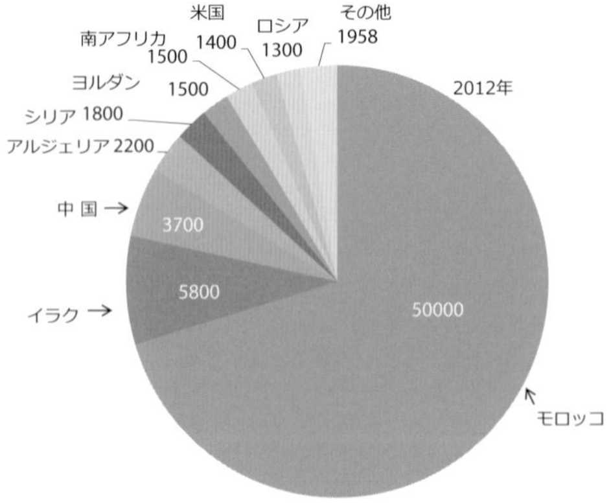

図 2.16　世界の国別のリン鉱石の経済埋蔵量
（単位 百万トン）

年月ですから，人間が掘り続ける限り，リン鉱石はやがて枯渇する地下資源であるといわざるをえません．しかし，リン鉱石がいつ頃枯渇するかとなりますと，誰をも納得させることのできる精度で科学的に予測することは，不可能であるといっても過言ではありません．ある鉱物資源が後何年くらいもつかを測るためのものさしには，耐用年数という数値があります．耐用年数とは，ある鉱物資源の経済埋蔵量を年間の採掘量で割った数値のことです．リン鉱石の場合は，世界の経済埋蔵量が約 700 億トンで，年間採掘量が約 2.6 億トンですから，耐用年数は約 270 年になります．しかし，もともとリン鉱石の経済埋蔵量も年間採掘量もどれだけ信用してよいのかわからない数値ですから，耐用年数だけでリン鉱石資源の枯渇の可能性を議論することは危険です．

一方，リン鉱石の品質がよくなかったり採掘するのが難しいために，現在の技術では採掘しても採算のとれないリン鉱石が，世界にはまだたくさん存在するようです．現時点で経済埋蔵量には計上できないリン鉱石も含めた埋蔵量は資源量（英語で resource）と呼ばれ，世界で約 3000 億トンはあるといわれています（図 2.17）．鉱石採掘ビジネスにとって資源量はあまり経済的な意味をもたないため，わざわざお金をかけて資源量を推定しなければならない理由もありません．したがって，資源量は経済埋蔵量と比べてもさらに曖昧な数値でしかありません．

世界のリン鉱石の年間採掘量は，このわずか 10 年で 1 億トン（63%）も増えていますから，今後もアジアおよびアフリカでの食料増産により，リン肥料の需要が増えるようであれば，耐用年数はより短くなります．とくにアフリカは，やがてリンを大量に消費することになる「眠れる巨人」と呼ばれています．一方，リン鉱石の枯渇が進みリン鉱石の価格が上がれば，資源量の一部が新たに経済埋蔵量に組み入れられますので，結果的に経済埋蔵量は減らず耐用年数は短くなりません．いずれの場合も，リン鉱石の価格上昇と品質の低下は避けられませんが，そのことは耐用年数を見てるだけではわかりません．いっそのこと，資源量を年間採掘量で割って耐用年数とした方が，わかりやすいのではないかと思われるかもしれませんが，資源量には本当に採掘できるかもわからないリン鉱石がたくさん含まれていますので，これを使って耐用年数を求めても，経済性を度外視した数値となり，資源枯渇への警鐘にもなりません．

図 2.17　経済埋蔵量と資源量
リン鉱石の経済埋蔵量は，取り引き可能な P_2O_5 換算のリン含有率 30 ～ 40％のリン鉱石の推定量．資源量は経済埋蔵量も含めた推定値であるが，鉱石のリン含有率については定かでない．また，地殻中の存在量は P としての数値．

資源とは

リンは，土や水の中にあります．しかし，土や水の中に低い濃度で存在しているリンは資源とはいえません．それは，リンがある程度まで濃縮されていませんと，集めるために膨大なエネルギーとコストがかかるからです．例えば，約 1.25 億人の日本人が 1 年間に必要とする約 4.6 万トンのリンを，土または水の中から集めることを考えてみましょう．

比較的リンを多く含むと考えられる農地の表土（表面から深さ 0.3 m までの土壌）の重量を，1 ヘクタール（1 ヘクタールは 1 万 m^2）当たり 2000 トン，リン含有率を多めに 0.2％と見積もりますと，表土に含まれるリン量は 1 ヘクタール当たり 4 トンになります．したがって，この農地の表土から年間 4.6 万トンのリンを得るためには，約 1.2 万ヘクタールもの面積が必要です．東京都でいえば，23 区の中で 1 番目と 2 番目に大きい大田区と世田谷区の面積を合わせたぐらいの広さです．毎年ブルドーザーを使って，これだけの農地から表土を集めるとなると，大変な環境破壊になってしまいます．もちろん，これだけ大量の土壌からリンを抽出するには，膨大な量の薬品とエネルギーが必要になり廃棄物もでます．

一方，霞ヶ浦や諏訪湖などの富栄養化した湖の水には，比較的多くのリンが含まれています．湖水中のリンの濃度を多めに，0.1 ppm（1 ppm は百万分の一）と仮定しますと，年間 4.6 万トンのリンを得るためには，毎年 4600 億トンもの湖水を処理しなければならないことがわかります．日本一大きい琵琶湖の平均貯水量が約 280 億トンですから，年間 4.6 万トンのリンを得るためだけでも，毎年琵琶湖の貯水量の 16 倍もの湖水を処理して 100%リンを回収する必要があります．リンを得るためだけに，これほど多くの湖水を処理することなどありえるでしょうか．リン資源の消費とは，自然が長い年月をかけてリン鉱石にまで濃縮したリンを，人間が土や水の中に低い濃度で分散させる行為なのです．

現在，世界で採掘されるリン鉱石の約 85%は食料の生産に使われています．石油やレアメタルなどと違い，食料の生産ではリンには代替するものがありません．どの国も，国民が生きていくために必要な量のリンを絶対に確保しなければなりませんが，食料の生産のためのリンは安全で安くなければ意味がありません．いくらリン鉱石がたくさんあっても，肥料の安全性が保てないほど品質が悪かったり，採掘にコストがかかり過ぎて農家が買えないほど高い値段の肥料しか製造できなければ，そのリン鉱石は役に立ちません（図 2.18）．いまでも，サハラ砂漠以南のアフリカの国々では，肥料の値段が高すぎて農家は十分な肥料を買うことができません．日本のような経済的に豊かな国でも，食料品の値段は国民の生活に直結しますから，電気製品や自動車などのように買わなくても済む「贅沢品」とは違い，食料品の値段は簡単には上げられません．食料品の値上がりは，食費が家計を圧迫するだけの単純な話ではありません．食費が家計を圧迫すれば，「贅沢品」への消費意欲は減り，国の経済にまで影響します．農家の購買力から見て手の届かないほど高い値段のリンは，いくらあっても役に立たないのです．人間の生命にかかわるリンの経済学は，石油やレアメタルなどの経済学とは異なることに，よく注意しておかなければなりません.

鉱石の経済埋蔵量や耐用年数といった数値は，世界の国々が資源を平等に分かち合えるのであれば，資源問題を考えるうえでも有効なものさしになるかもしれません．しかし残念ながら，現実の世界はそうではありません．どの鉱物資源も地球上で偏って存在していますから，どうしても資源保有国と非保有国ができてしまいます．リン鉱石の耐用年数という数値は，資源保有国も非保有国もみな平等に資源を分かち合えることを前提としています．リン鉱石の経済埋蔵量が有限であり，リン鉱石の品質や価格に違いがある限り，品質がよく値段の安いリン鉱石に需要が集中することは避けられません．世界のリン鉱石採掘量の約 2/3 が国営企業によるものであることを考えますと，資源保有国が生産調整や輸出規制を行うことは比較的容易であり，非保有国にとってそれがいつ起こるかは予測できません.

また，過去には天候の不順により穀物が不作となった翌年に，肥料の需要が急増して，短期に需給バランスが崩れたことも起きています．リン鉱石のような地下資源は，需要が増えたからといってすぐに供給量を増やすことはできません．この 30 年の間に，リン鉱石の採掘コストは約 1/3 にまで減少していますが，新たにリン鉱山を開発するとなると，そのために調達しなければならない資金は大幅に増えています．リン鉱石の場合，供給側に柔軟性が欠けている

図 2.18 米国フロリダのリン肥料工場
（米国スティーブンス工科大学 D. バッカーリ教授提供）

ことが，短期の需給バランスが崩れる理由の一つです．欧米を見ても，経済埋蔵量や耐用年数といった曖昧な数値に基づいて国の資源戦略を立てる国はどこにもありません．

アラブの春

中東および北アフリカのリン鉱石採掘会社の多くは国営企業であり，リン鉱石およびリン製品の世界市場に大きな影響力をもっています．一方，これらのリン輸出国の多くは，国内に政治不安を抱えており，国際市場へのリン鉱石とリン製品供給の不安材料となっています．例えば，2010 年に発生した「アラブの春（Jasmine revolution）」と呼ばれる中東の民主化運動は，政治不安に加えてリン鉱石産出国の労働市場をも混乱させ，チュニジア，ヨルダンおよびシリアからのリン鉱石の輸出を困難にしました．

とくに，世界第 5 位のリン鉱石輸出国であるチュニジアのリン鉱石採掘と輸送に携わる労働者による争議では，同国ガフサ（Gafsa）社のリン鉱山は最大供給能力の 30%しか稼働できず，チュニジアからのリン酸輸出総額は 40%も減りました．モロッコは，「アラブの春」の影響をあまり受けませんでしたが，旧スペイン領西サハラの領有問題を抱えており，国連はモロッコに西サハラのリン鉱石採掘による利益を，西サハラの住民に還元するように通告しています．モロッコにとり西サハラを手放すことは，モロッコのリン鉱石国際市場への影響力の著しい低下につながる大問題ですので，この領土問題は容易に解決するようには思われません．

また，「アラブの春」に続いて，2011 年にはシリアで内戦が勃発しました．内戦勃発前には，シリアからのリン酸の輸出量の約 40%は欧州向けでした．しかし，欧州連合（EU）によるシリアへの経済封鎖に伴い，欧州ではシリアからのリン酸の輸入が禁止されています．最近では，2018 年 1 月にチュニジアのガフサリン鉱山で，再び労働条件の改善を求めるストライキが勃発し，リン鉱石の採掘事業が大きな影響を受けるなどの混乱が続いています．

2.7　品質のよいリン鉱石から枯渇する

世界のリン鉱石の経済埋蔵量が約700億トンあるといいましても，採掘されるリン鉱石にはさまざまな品質のものが含まれています．リン鉱石の品質には，リン含有率だけでなく，どれだけ有害な不純物が含まれているかも関係します．困ったことに，世界のリン鉱石の経済埋蔵量のほとんどを占める海成リン鉱石には，カドミウムや天然放射性物質のウランなどの有害な重金属が比較的多く含まれています．一般に，リン含有率の高いリン鉱石ほど有害な不純物の含有率が低いようです．品質のよくないリン鉱石を肥料の原料などに使いますと，リン酸を抽出したり有害な廃棄物を処理するために余計な費用がかかるため，品質の悪いリン鉱石は商品になりません．リン鉱石採掘会社はリンを多く含む鉱石（P_2O_5 含有率が約30%以上）だけを選別して，市場に出してきました．このため多くの鉱山では，地下から採掘されたリン鉱石の約30〜50%が利用されずに廃棄されているといわれています．

いま世界では，品質のよいリン鉱石から枯渇が始まっています．国際肥料工業協会（International Fertilizer Association, IFA）のデータを見ますと，国際市場で取り引きされるリン鉱石の品質が著しく低下していることがわかります（図2.19）．この図では，リンの含有率がリン酸カルシウム $Ca_3(PO_4)_2$ の含有率に換算したBPL (Bone Phosphate of Lime) という数値で表されています．これも業界の慣習ですが，BPLに換算係数0.205を掛ければ，リンの含有率に変換できます．例えば，BPLが78%であれば，リン含有率は16%になります．

図2.19を見ますと，いまからわずか50年前の1970年には，世界の市場に出まわるリン鉱石の約半分がBPLで73%を超えていました．しかし，いまではBPLが73%を越えるリン鉱石は全体の約15%にも達せず，40年前には捨てられていたはずのBPLが65%（リン含有率で13%）にも達しないリン鉱石が全体の約1/4も占めるようになっています．もちろん，利用技術が進歩したことで，以前には捨てるしかなかった低品位のリン鉱石でも商品価値をもつようになったことは考えられますが，世界中で高品位のリン鉱石の枯渇が進行していることは疑いようがありません．

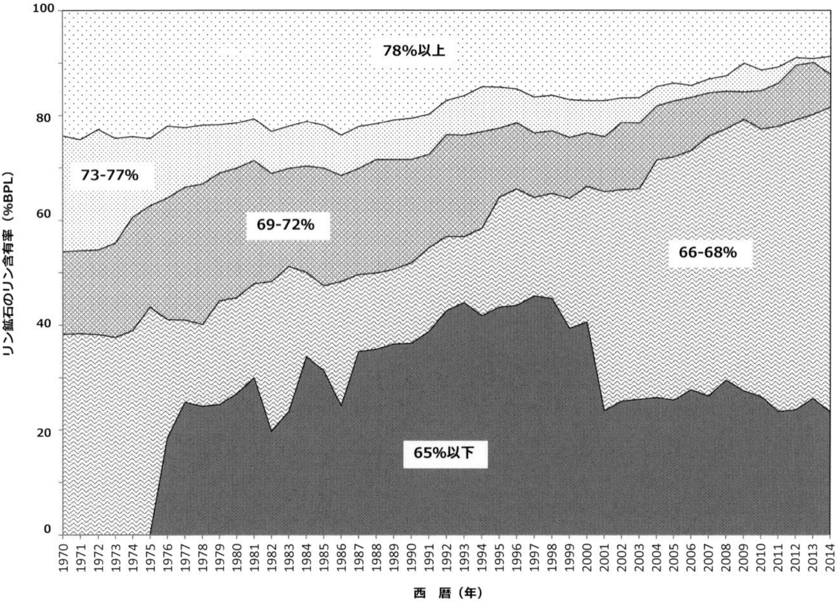

図 2.19　国際市場におけるリン鉱石のリン含有率（%BPL）の変化（文献 8）

とくに中国では BPL65％以上のリン鉱石は，後十年あまりで枯渇することが懸念されています．もともと中国は，高品質のリン鉱石が少ない（大半のリン鉱石が P_2O_5 含有率 17%以下で，30%を越えるものは全体の 10%に過ぎません）にもかかわらず，世界最大量のリン鉱石を採掘し続けた結果，リン鉱石の品質低下がとくに著しくなってしまいました（図 2.20）．中国では，リン鉱石の品質の低下が採掘コストを上昇させ，リン産業の国際競争力を失わせることが懸念され始めています．このため，低品質のリン鉱石の有効活用に取り組む企業には，税制の面で優遇措置を講じるなどの政策を進めています．また，モロッコではこの約 30 年の間に，採掘されるリン鉱石のリン含有率は低下してきていますが，選鉱を厳しくすることにより輸出されるリン鉱石のリン含有率はむしろ増加しています．これに対して，米国では採掘されたリン鉱石も選鉱後のリン鉱石もともに，リン含有率が低下してきています．

リン鉱石の品質の低下は，リン鉱石の採掘コストに直結します．例えば，BPL が 78%以上あるリン鉱石であれば，採掘してそのまま出荷することがで

図 2.20　中国貴州省開磷市の博物館に展示されている高品位リン鉱石
中国のリン鉱石はリン含有率が低く，品質のよいリン鉱石は貴重とされています．

きますが，それ以下になりますとリン含有率の高い鉱石を選別する作業をしなければなりません．そのため選別にコストがかかるばかりでなく，より多くのリン鉱石を掘り出さなければなりません．リン鉱石の BPL が 78%から 68%まで約 10%低下すれば，採掘のコストは倍増するといわれています．また，マグネシウムの含有率が 5%以上になるだけでも，リン鉱石からのリン酸の抽出の妨げになり，肥料原料のリン酸アンモニウム（リン安）の製造でも，不溶性の塩（$MgNH_4PO_4 \cdot 6H_2O$）を形成して支障をきたします．

乱掘により枯渇したグアノ資源

南米のペルーの沿岸には，リンなどの栄養塩を豊富に含んだフンボルト海流が流れ，植物プランクトンが多く，それを食べるイワシ（アンチョビ）などの魚も多く生息しており海鳥の餌が豊富です．一方，気候は雨が少なく，沿岸の島々には海鳥の糞が 50 m もの厚い層となって蓄積しています．これらの島々のまわりは深い海に囲まれ，切り立った断崖が人間が島に近づくことを妨げています．こうした条件が揃うことにより，南米のペルー沿岸の島々には，海鳥の糞がリン資源（グアノ）になるまで蓄積しました．

ペルーのグアノは，1841 年に初めて欧州に輸出され，1858 年には最大の輸入国であった英国向けだけでも，年間約30万トンも輸出されました．その結果，1851年から1872年までのわずか20年の間に，約1000万トンものグアノ（リン換算で約百万トン）が英国やアメリカに輸出されました．しかし，たとえ百万羽の海鳥がいても，1年間にできるグアノの量は約1.1万トンに過ぎませんので，たちまちグアノ資源は枯渇してしまいます．ペルーからのグアノの輸出は，輸出の開始からわずか40年後の1890年頃には，終焉を迎えてしまいます．グアノの採掘量が減り始めて，やっと資源の枯渇に気づいたペルー政府は，急遽グアノの採掘量を制限し島の周辺海域での漁業も制限して，海鳥の餌を確保するなどの手を打ちました．しかし，いずれも後の祭りでした．資源の枯渇に気がつくのが遅過ぎて，事態はもはやどうにもならなくなってしまっていたのです．

その後，グアノ採掘の中心地は，南米から南太平洋の島々へと移ります．太平洋の赤道近くにナウル共和国という小さな島国があります．このサンゴ礁が隆起してできた島にも，かつてたくさんのグアノがありました．この島でグアノが発見されたのは，1888年のことです．1906年には，埋蔵量1億トンともいわれたグアノの採掘が始まります．グアノは，採掘しやすく肥料にも使いやすいので，掘れば掘るだけ売れました．採掘の開始から1967年までの約60年間に，埋蔵量の約35%に当たる3500万トンのグアノが採掘されたそうです．採掘はその後も続き島はグアノ景気に沸いて，1974年にはナウル共和国からのリン鉱石の輸出金額は年間400億円にまで達します．しかし，1989年以降，ナウル共和国から輸出されるリン鉱石の量は急激に減少します．最盛期には年間200万トンもあった採掘量は，2002年にはわずかに5万トンに，2004年には数千トンにまで減ってしまいます．

ナウル共和国は，リン鉱石が唯一の輸出品でしたので，リン鉱石を掘り尽くすのと同時に，国の財政が破綻してしまいます．今でもナウル島には，かつて採掘時に捨てられた鉱さいを集めれば，まだ200万トン近いリン鉱石が手に入るようです（図2.21）．しかし，品質のよいリン鉱石から輸出されてきたために，残りのリン鉱石にはカドミウムが多く含まれていたりして，輸出することは難しくなっています．たとえリン鉱石が残っていても，品質が悪ければ資源にはならないのです．資源の枯渇は，誰もが気がつくまで待ってはくれません．ナウル共和国で起きた出来事は，いままさに地球的規模で進んでいるといってよいかもしれません．

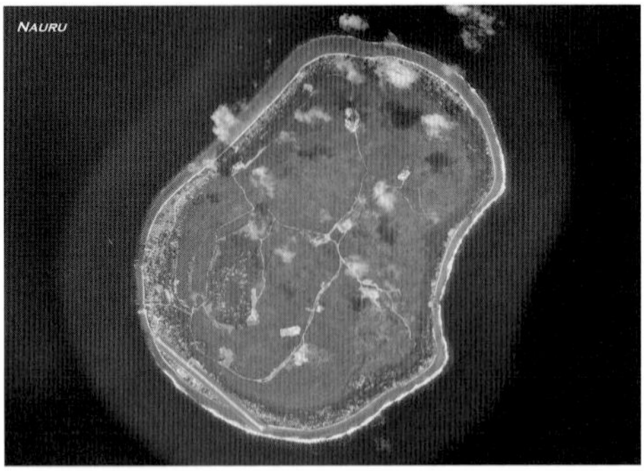

図 2.21　南太平洋に浮かぶナウル島
(Shutterstock)

2.8　難しくなるリン鉱石の輸入

日本にも，波照間《はてるま》島や北大東島などサンゴ礁でできた島に，かつて海鳥の糞が堆積してできたグアノがありました（図 2.22）．第二次世界大戦前までは，日本でもグアノの採掘が行われており，現在でもかき集めれば，まだ 200 万トン程度のグアノは残っているようです．

しかし，日本が一年間に消費しているリンの量（約 50 万トン）をリン含有率 14%のリン鉱石に換算しますと約 360 万トンにもなりますから，200 万トン

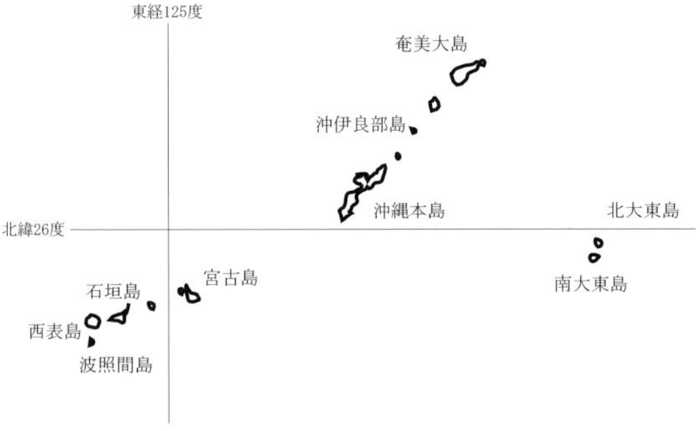

図 2.22　グアノ資源がまだ少し残っている波照間島と北大東島

程度の量ではとても資源があるとはいえません．

年間約50万トンものリンを消費している日本は，世界でもトップクラスのリン消費大国です．国立環境研究所の中島謙一さんの推定によりますと，2005年の国別のリン年間消費量（生産量＋輸入量－輸出量）は，中国が約640万トンと最も多く，アメリカ（約400万トン），インド（約310万トン），ブラジル（約220万トン），インドネシア（約110万トン），マレーシア（約73万トン），モロッコ（約72万トン）に続いて，日本は世界で第8番目に多く約69万トンを消費していました（文献9）．この上位5ヶ国が国別の人口統計でも世界のトップ5であることからわかりますように，リンの消費量はその国の人口にだいたい比例しています．なお，リンの年間消費量の多い世界の上位10ヶ国の中で，リン鉱石の産出国でないのは日本とマレーシアだけです．マレーシア（人口では世界42位）の場合，採油植物（アブラヤシ）生産のためのリン肥料の消費量が多いようです．しかし，上の計算では，採油植物に含まれるリン(輸入肥料由来)がリンの国内生産量として，誤って計上された可能性があります．もしそうであれば，日本はマレーシアを抜いて，世界で第7番目のリン消費大国ということになります．

世界のリン鉱石の主要な産出国は，1980年以降米国，モロッコ，中国およびロシアの4ヶ国で変わりがなく，2017年もこの4ヶ国で世界のリン鉱石産出量の約80%を占めています（表2.1）．これら4ヶ国の中では，2005年頃までは米国が世界最大のリン鉱石の産出国でしたが，現在は中国に抜かれて世界第2位になっています．一般に，鉱物資源の豊富な国が資源の輸出に頼り過ぎると自国の製造業が衰退し，資源の豊富さに反比例して工業化や経済成長が遅れ，経済学用語で「資源の呪い」と呼ばれる現象が起こりやすいといわれています．モロッコなどのリン鉱石の産出国は，リン鉱石の輸出に頼ることでは国内の製造業が発展しないことに気がついています．したがって，最近は明らかにリン製品の生産国は，リン鉱石の産出国に集中してきています．世界最大のリン鉱石の埋蔵量を誇るモロッコでも，リン鉱石の売り上げがGDPに占める割合はわずか5〜6%程度しかありません．こうしたことから，世界で採掘されたリン鉱石の約88%は産出国が自国で消費しており，リン鉱石のまま輸出にまわる量は，残りの約12%に過ぎません．

例えば，米国は国内のリン鉱石の耐用年数がまだ40年あまりあり，現在でも年間約2800万トンのリン鉱石を採掘していますが，1995年にはリン鉱石の海外輸出を停止して，1996年からはリン鉱石の輸入国になってしまいました（図2.23）．米国は自国のリン鉱石資源を保護しながら，海外からリン鉱石を輸入し，リン肥料などに加工して輸出しています．米国は1980年頃には約1400万トンものリン鉱石を輸出していましたが，2015年には約400万トンのリン鉱石を輸入しています．米国の都合だけでも，差し引き年間約1800万トンのリン鉱石が国際市場から消えてしまいました．一方，中国のリン鉱石の輸出量はもともと少なく，最盛期の2001年でも年間約490万トン（生産量の24%）しかありませんでしたが，その後はさらに大きく減少し，2016年には約28万トン（生産量の0.2%）と，最盛期の約1/ 20まで減少しています．これはもはや事実上の輸出の停止といっても過言ではありません．

表2.1　世界のリン鉱石産出国（文献10）

リン鉱石産出国	年間産出量　(単位 万トン)
米国	2770
アルジェリア	130
豪州	300
ブラジル	550
中国	14000
エジプト	500
フィンランド	95
インド	180
イスラエル	400
ヨルダン	820
カザフスタン	160
メキシコ	200
モロッコ＋西サハラ	2700
ペルー	390
ロシア	1250
サウジアラビア	450
セネガル	220
南アフリカ	180
シリア	10
トーゴ	100
チュニジア	370
ベトナム	300
その他	194
全世界	26269

日本がリン鉱石を初めて輸入したのは1888年のことです（図2.24）．米国のサウスカロライナ州のチャールストンから，約100トンのリン鉱石が輸入されて，国内で初めてリン肥料（過リン酸石灰）の製造が行われました．

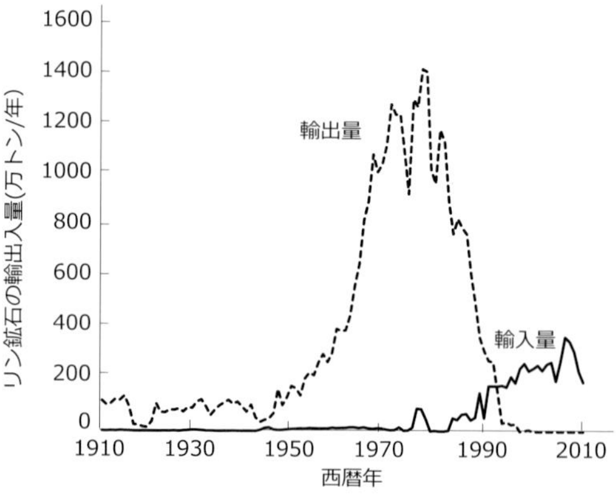

図 2.23 米国のリン鉱石輸出入量の経年変化

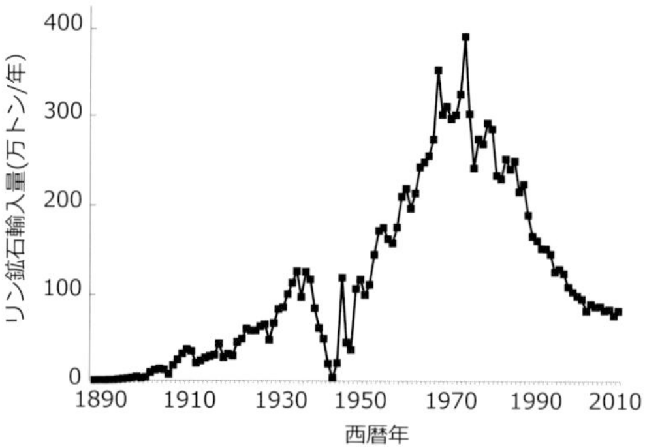

図 2.24 日本のリン鉱石輸入量の経年変化
橋本光史『リン資源枯渇危機とはなにか』大阪大学出版会（2011 年）（文献 4）より

その後，日露戦争（1904 年）が終わると，日本における肥料生産は盛んとなり，リン鉱石の輸入量も 1935 年頃には年間 100 万トンを超えます．日本のリン鉱石の輸入量は，1970 年頃に年間 300 万トンを超えピークに達しますが，その後は 1973 年と 1979 年のオイルショックで，輸送コストが増えリン鉱石の輸入価格が上昇したこともあって，リン鉱石の輸入量は次第に減少していきました．さらに，2008 年に発生したリン鉱石とリン製品の価格の高騰（リンショックと呼びます）が大きな打撃となり，2017 年には約 25 万トン（最盛期の約 8%）にまで減ってしまいました．

逆に，日本のリン肥料の輸入量は，1975年のP_2O_5換算で約4万トンから，1994年の約35万トンまで増加し，その後も約25〜30万トンの水準で推移しています．資源国がリン鉱石よりも収益率の高いリン製品を輸出するようになったことを反映して，日本もリン鉱石からリン製品の輸入に切り替えてきたことがわかります．こうした経緯から，日本にとって良質のリン鉱石を海外で確保することは，次第に困難になってきました．昔は，中国でも頼めば品質のよいリン鉱石だけをより分けて日本に輸出してくれていましたが，そんな時代はもうとっくに過去の物語になってしまいました．

日本のリン鉱石輸入相手国も，1995年頃まではおもに米国でしたが，米国がリン鉱石の輸出を停止したことにより，1996年以降日本はおもな輸入相手国を，米国から中国に切り替えざるをえなくなりました．しかし，中国からのリン鉱石の輸入量も2005年の約39万トンをピークに減り続け，2017年には7万トン弱にまで減っています．これは日本がリン鉱石の輸入において，過度に中国に依存することによるリスクを減らすため，モロッコ，ヨルダンや南アフリカなどからの輸入を増やしてきたことの結果でもあります．

日本と米国との取り引きでは，米国は日本にリン鉱石やリン肥料を売るよりも，農産物を買わせようとする動きがますます強まっています．世界でも，1961〜2011年の50年間で，国際貿易において農産物に含まれて取り引きされるリンの量は約8倍増加し，2011年には世界で生産された穀物に含まれるリンの約20%が輸出にまわっています．第6章で詳しく説明しますが，日本では食料および家畜飼料に含まれて輸入されるリン量は年間12万トンあり，リン鉱石およびリン肥料として輸入するリン量（年間約17万トン）に対して約70%近くになっています．欧州でもこの値は約60%であり，リン鉱石やリン肥料として輸入するリン量に比べて，食飼料に含まれて輸入するリン量が多くなってきています．

欧米の資源戦略

欧州連合（EU）や米国の資源戦略では，世界の経済埋蔵量や耐用年数は政策判断の基準に使われていません．例えば，EUは2011年から重要原料物質（Critical Raw Materials）のリストを作成し3年ごとに見直しを行っていますが，重要原料物質の選定基準は，① EUの輸入依存度，②代替の可能性および ③ EU内でのリサイクル可能率であり，経済埋蔵量や耐用年数の数値はどこにもありません．ちなみにEUは，2014年にリン鉱石を20の重要原料物質の一つに加えています．その理由には，欧州にはフィンランドを除いてリン鉱石資源の保有国がなく，欧州が肥料生産に必要なリン鉱石をモロッコなどからの輸入に強く依存していることがあります．さらにEUは2017年に，重要原料物質の数を27に増やしましたが，その一つが黄リンでした．

黄リンはハイテク産業などで必要な高純度のリン素材（後で詳しく説明します）ですが，2012年以降欧州ではまったく製造することができなくなってしまいました．現在EUでは，リンはリン鉱石と黄リンと，二重に重要な資源物質になっています．なお，EUにおけるリン鉱石の評価は，輸入依存率が88%（12%はフィンランドより），食料生産における代替可能率が0%，リサイクル率が17%になっています．また，黄リンについては，輸入依存率が100%（カザフスタンから77%，中国から14%，ベトナムから9%），工業原料としての代替可能率が9%，リサイクル率が0%とされています．

米国も2018年に重要物質（Critical Materials）のリストを公表しましたが，その選定基準も ①世界における産出の特定国への集中度，②世界の生産量の伸び率および ③国際市場価格の上昇率であり，経済埋蔵量や耐用年数の数値はどこにもありません．この基準により，米国でもリン酸が戦略的に重要な鉱物資源の一つとして，その重要度は77種類の鉱物資源の中で第20位に位置づけられました．しかし，米国は，今でも世界第2位のリン鉱石の産出国ですので，リン酸は国内でまだ供給が可能であるとして，銅，亜鉛，モリブデン，金や銀などとともに，最終的には35の重要物質のリストからははずされています．

3

地球環境問題とリン

リンは枯渇が懸念される資源物質ですが，その一方できちんとした管理のもとで利用しなければ，環境破壊の元凶になりかねない厄介な物質です．第3章では，リン鉱石の採掘に伴う環境破壊や，リンの非効率な利用が引き起こす環境汚染の問題について説明します．

中国貴州省のリン酸製造工場の付近に廃棄されたリン酸石膏の山

3.1 リン鉱石採掘と環境破壊

リン鉱石は，地下から掘り出されます．モロッコなど地表近くにリン鉱床がある場合は，リン鉱石を含む地層の上側にある岩石を取り除きながら掘る露天掘りが可能です．しかし，多くのリン鉱床はより深いところにあるため，リン鉱床に届くまで坑道を掘り，鉱石層に達すると横に掘り進む坑内掘りが行われます．例えば，中国の貴州省にあるリン鉱山では，すでに地下 800 m まで坑道が深く掘られています（図 3.1）．当然，リン鉱石を得るためには危険が伴いますし，周辺の環境にも採掘による影響があります．

ある資源物質 1 トンを得るために動かす必要のある土砂や水などの総量（トン）のことをエコリュックサック因子（単位はトン/トン），その資源物質の年間生産量（トン/年）とエコリュックサック因子を掛けた値を，エコリュックサック（単位はトン/年）と呼びます．エコリュックサックは，鉱石を地下から掘り出す際に，環境へ及ぼす影響の大きさを測るものさしです（表 3.1）．

2016 年に，世界では年間約 169 億トンもの鉱石（砂利，石，粘土などは除く）が，地下から掘り出されています．2000 年が約 113 億トンでしたので，わずか数年で 50% も増加しています．ドイツのシュミット・ブリーク（F. Schmidt-Bleek）らによるエコリュックサックの値（表 3.1）をみますと，砂利や石など

図 3.1 中国貴州省開磷のリン鉱山の入口
入口から地下 800 m まで坑道が続くため，採掘場まで車で移動している．

表 3.1　エコリュックサック（文献 11）

鉱石等	エコリュックサック（単位　百万トン/年）	エコリュックサック因子（単位　トン/トン）
砂利	15675	2
石	7700	2
石炭	18900	7
石油	2750	1
リン酸（P_2O_5）	5250	35
鉄	5250	15
粘土	900	3
セメント	9900	11
褐炭	12000	12
岩塩	260	1
ボーキサイト	360	6
硫黄	76	2
カリ鉱	25	1
マンガン	160	8
亜鉛	340	43
鉛	50	20
銅	2947	421
銀	375	7500
金	900	350000
プラチナ	250	350000

の建設用の資材を除けば，石炭と褐炭が最も大きなエコリュックサック値を示し，その次にリン酸（P_2O_5）が鉄と並んで大きな値を示しています．世界の地下資源の採掘量の約 75%は，発展途上国での採掘によるものです．エコリュックサックの値が大きいということは，発展途上国での鉱石の採掘による環境への影響が大きく，掘り出した時に出たゴミは現地に置き去りにされている可能性があります．リン鉱石は，エコリュックサック因子の値も大きく，亜鉛と同じぐらいあります．金，銀やプラチナなどの貴金属は，エコリュックサック因子の値は非常に大きいものの，年間採掘量が少ないのでエコリュックサックの値はリン鉱石と比べると小さく，採掘による環境への影響がより小さいこと

がわかります．

日本にいては気がつきにくいことですが，リン鉱石の採掘に伴う環境の破壊は，リン鉱石の産出国で大きな問題になり始めています．前にも述べましたが，リン鉱石の品質は年々低下してきており，採掘現場ではリン鉱石の品質の低下を選鉱により補うようになってきています．選鉱をパスしなかったリン鉱石は採掘場付近に捨てられますが，リン鉱石にはカドミウムやウランなどの有害な重金属が含まれているため，鉱山周辺の環境を汚染しかねません．

地球の限界

2009年に，スウェーデンのヨハン・ロックストローム（J. Rockström）らが，地球の環境がもつ収容力（環境容量）を科学的に把握することを目的として，①気候変動，②海洋の酸性化，③成層圏オゾンの破壊，④窒素とリンの

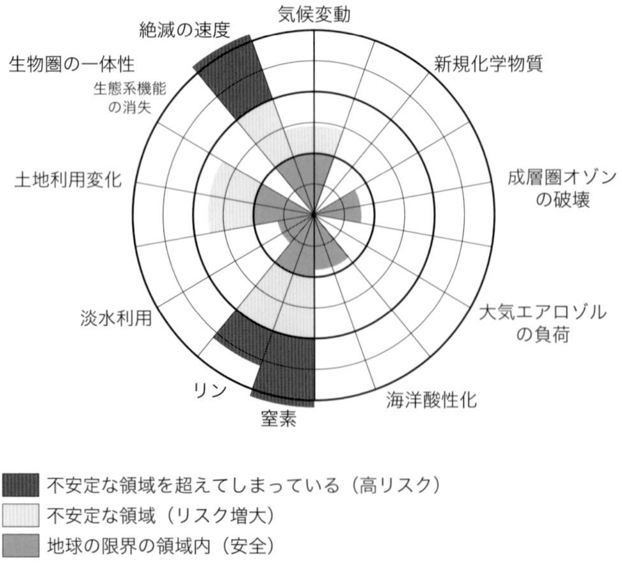

図 3.2　地球の収容限界（プラネタリーバウンダリー）2015年改訂版（環境省ウェブページより）

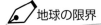

循環，⑤グローバルな淡水利用，⑥土地利用変化，⑦生物多様性の損失，⑧大気エアロゾル（固体または液体の微粒子）の負荷，⑨化学物質による汚染の9つの事象に対して，地球の収容限界（プラネタリーバウンダリーといいます）という概念を提示しました（図3.2）．この収容限界は，地球の環境変動に対する回復力の限界を意味しており，いずれかの事象がこの限界を超えてしまうと，地球には不可逆な変化が起こると考えます．

2009年に発表された地球の収容限界では，リンについては今後1000年以内に海洋無酸素事変（後で説明します）を引き起こしかねない陸域から海洋へのリン負荷速度（1100万Pトン/年）と定義され，2009年の段階ではこの値はまだ850〜950万Pトン/年であるとして，地球の収容限界を超えていないと判断されていました．しかし，ロックストロームらはその後，より多くのデータと多くの研究者の協力を得て，2015年に地球の収容限界の見直しを行っています．この時の見直しでは，陸域から海洋へのリン負荷速度はすでに2200万Pトン/年もあり，地球の収容限界を超えていると判断しています．2015年の見直しでは，リンについては新たに肥料による土壌へのリン負荷速度（620万Pトン/年）を淡水域の富栄養化を引き起こす収容限界として設定しています．このリン負荷速度も，すでに1400万Pトン/年と収容限界を超えていると判断しています．地球の環境容量をこのような簡単なものさしで判断することや，リンの環境負荷量を地球規模で精度よく求めることができるのかなどについては多少疑問もありますが，人間が地球に壊滅的な影響を与えないようにするための警鐘としては，重要な意味をもつものと思われます．

最近，現代を人間活動が地球的規模で環境に影響を及ぼし始めた地質年代にあるとして，人新世（Anthropocene）という造語が使われ始めています．人新世とはまさに人類の時代を意味しており，産業革命以降の200年を指しています．人新世はまだ地質学の分野で公式に認められた時代区分ではなく，最終氷河期が終わる約1万年前から現在までを意味する完新世（Holocene）と区別するには岩石層に刻まれた境界線を定める必要があります．いま，人類は年間約2.6億トンのリン鉱石を地下から掘り出し，リン鉱石からリン酸を製造する時に出る年間約2億トンのリン酸石膏を，使い道のないまま山積みにしています．遠い将来，岩石層に含まれるリン酸石膏の真っ白い層が，人新世を示す一つの証拠になるかもしれません．

3.2 リンの利用と環境汚染

世界の経済埋蔵量のほとんどを占める海成リン鉱石には，有害重金属のカドミウム（Cd）が多く含まれています（図 3.3）．例えば，モロッコや米国フロリダのリン鉱石には，150～200 mg Cd/kg P_2O_5 のカドミウムが含まれています．南アフリカ，ロシアやブラジルの火成リン灰石には少なく，2 mg Cd/kg P_2O_5 以下といわれています．カドミウムを肥料の製造時に取り除くには経費がかかるため，品質のよくないリン鉱石から製造された肥料には，カドミウムが多く混入することがあります．例えば，粉末にしたリン鉱石に硫酸を加えて製造する過リン酸石灰というリン肥料には，原料リン鉱石の成分がほぼすべて含まれますので，リン鉱石に有害物質が含まれていると肥料に移行します．こうした肥料を長期にわたって使い続けると，農地にカドミウムが蓄積する危険があります．

フィンランド国立環境研究所（SYKE）は，もし現在の欧州各国の平均許容レベルである 80 mg/kg P_2O_5 のカドミウムを含む肥料を，フィンランド国内で使い続けた場合，今後 100 年以内に国民のカドミウム摂取量が 40％も増加する可能性があると警告しています．なお，一般にリン肥料のカドミウム規制値は，リン酸（P_2O_5）1 kg 当たりの値で決められています．これは，リン肥料中のリン酸の含有率が高ければ，農地に投入される肥料の量が少なくて済みますので，農地に入るカドミウムの量も少なくなるからです．したがって，リン肥料のカドミウム含有率そのものよりも，リン酸 1 kg 当たりに換算したカドミウム含有量の方が，農業ではより意味のある数値となります．

リン鉱石からカドミウムを除去するには，リン鉱石そのものを 850～1150℃の高温で焼く（焼成といいます）必要がありますが，これではコストがかかり過ぎます．実際に，ナウル共和国で焼成法によるリン鉱石の脱カドミウムが検討されたことがありますが，焼成法でカドミウムを除去すると，リン鉱石の販売価格を倍増させる必要があることがわかり実用化されませんでした．このため，カドミウムはリン肥料の原料となるリン酸液を製造する時に取り除くことが検討されています．具体的には，硫酸を添加して $CdSO_4$ を $CaSO_4$ とともに沈殿させることや，硫化イオン（S^{2-}）を添加して硫化物（CdS）として沈殿させることなどが検討されています．また，有機溶媒，イオン交換樹脂や分離膜などを用いて，リン酸からカドミウムを除去する技術も検討されています．しかし，いずれの場合もカドミウムを除去したリン酸液を使用すると，肥料メーカーの収益の約半分が失われるといわれています．

さらに厄介なことには，海成リン鉱石にはウランなどの天然放射性物質も多く含まれています（ウラン 238 で 70～200 ppm 程度）（図 3.4）．ドイツでは，ウランの混入した肥料を農地で長期にわたり使い続けると，農作物や地下水を汚染して，やがて人の健康被害を招く恐れがあることが指摘されています．日本でも，リン鉱石をモロッコから輸入していますが，カドミウムや天然放射性物質の含有率が高いため，これらの有害物質をあまり含まない南アフリカ産の火成リン灰石などと混ぜて使っています．

なぜ海成リン鉱石にはカドミウムやウランが多く含まれるのでしょうか？海成リン鉱石の主成分は，アパタイト（$Ca_5(PO_4)_3OH$）のリン酸基（PO_4^{3-}）の一部が炭酸基（CO_3^{2-}）で置き換わったフランコライトと呼ばれる物質です．また，水酸基（OH^-）の一部もフッ素基（F^-）や塩素基（Cl^-）に置き換わっています．アパタイトに含まれるカルシウムイオン（Ca^{2+}）は，イオンの大きさ（イオン半径といいます）が似ているカドミウムイオン（Cd^{2+}）と比較的容易に置き換わります．ちなみに，Ca^{2+} と Cd^{2+} のイオン半径は，それぞれ 99 pm および 97 pm（ピコメーター，10^{-12} m）です．カドミウムは，もともと汚染されていない外洋水にもわずかですが含まれています（10^{-4} mg/kg 海水程度）．

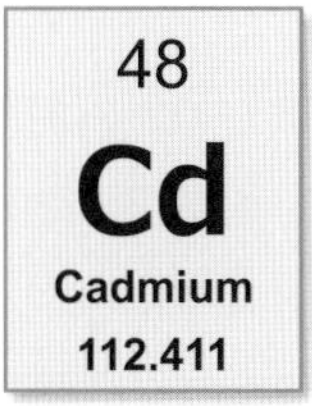

図 3.3　カドミウム

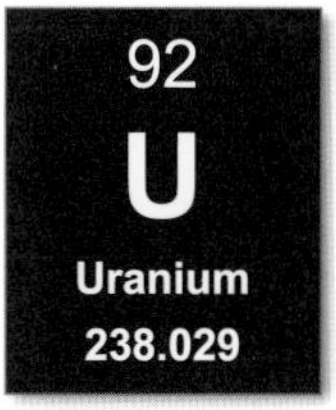

図 3.4　ウラン

一方，ウランは水に溶けると，ウラナスイオン（U^{4+}）またはウラニルイオン（UO_2^{2+}）として存在しますが，海水中ではほとんどがUO_2^{2+}として存在しています．UO_2^{2+}のイオン半径は80 pmとCa^{2+}よりも約20%小さいため，簡単にはCa^{2+}と置き換わることはないようです．しかし，U^{4+}のイオン半径は97 pmであることから，UO_2^{2+}がU^{4+}に還元されれば，Ca^{2+}との置き換わりが可能になります．海成リン鉱石は，生物の遺骸などの有機物が分解され酸素が少なくなった海底で形成されますので，海水中のUO_2^{2+}がU^{4+}に還元され，その後にアパタイトのCa^{2+}と置き換わることが考えられます．カドミウムもウランも海水中の濃度は決して高いものではありませんが，リン鉱石が形成されるまでには非常に長い年月が必要ですので，その間にゆっくり時間をかけてカルシウムと置き換わっていくようです．

海成リン鉱石が多くのウランを含むことから（世界のリン鉱石に含まれるウラン量は約900〜2200万トンと推定されています），かつてウランはリン鉱石からリン酸肥料を製造する工場で副産物として得られていました．例えば，1980年から1995年頃まで米国では，ウランの国内生産量の約20%がフロリダ州およびルイジアナ州のリン酸肥料工場において副産物として生産されていました．しかしその後，ウランの市場価格が下がったため，リン酸肥料製造工場でのウランの生産は採算がとれなくなりました．最近，リン酸肥料の製造工程でウランを分離回収することは，ウランを含まない安全性の高い肥料を製造することにつながるとして，復活させようとする動きも出ています．カドミウム同様に，リン酸肥料に含まれるウランの規制値をより厳しくすることで，副産物としてのウラン製造の経済採算性が改善できるとの提案もなされています．

多くの鉱山では水にリン鉱石を懸濁《けんだく》（粒子を水に分散させること）させて，水流で輸送しています．また，浮遊選鉱には大量の水が使われます．例えば，米国のフロリダ州では，1トンのリン鉱石を得るのに，約8〜15トンの淡水を使用しています．北アフリカや中東のリン鉱石の産出国では，リン鉱石の輸送や選鉱に必要な水の確保が難しく，飲料水や農業用水との奪い合いも生じています．加えて，カドミウムやウランなどの有害物質による水の汚染も指摘されています．リン鉱石の採掘に伴う環境の破壊には，地域住民の関心も高まってきており，すでに環境問題によりリン鉱石の採掘場が閉鎖に追い込まれることも起きています．

リン鉱石を硫酸で分解して1トンのリン酸（P_2O_5）を製造するのに，約5トンのリン酸石膏（主成分の$CaSO_4$にリン酸が混じったもの）が生産されます．世界のリン酸の年間生産量が約4700万トンですから，世界では1年間に約2億トンものリン酸石膏が生成していると考えられます．リン鉱石に含まれているウランの多くは，リン鉱石に硫酸を加えた時に，水に溶けやすいUO_2SO_4や$U(SO_4)_2$などになりリン酸液に混入します．一方，ウランの崩壊生成物であるラジウム，ポロニウムやトリウムなどは硫酸塩としてリン酸石膏に移行します．リン酸石膏には，前に述べたカドミウムなどの重金属のほかに，フッ化物などの有害物質も多く含まれています．

リン酸石膏を安全に処理するには経費がかかるため，海外ではリン酸石膏の多くはリン酸製造工場の近くに野積みにされ，地下水汚染などの環境問題や健康の被害を引き起こしています（図3.5）．また，モロッコのようにリン酸石膏を海洋（大西洋）に投棄している国もあり，国際問題にもなっています．なお，モロッコはもともとリン鉱石は海洋由来のものであるから，うまく拡散するようにすれば海に戻しても問題ないと主張しているようです．私たちは，日本がリン製品を買うことで，海外にたくさんの有害な廃棄物を置き去りにしていることを，決して忘れてはなりません．

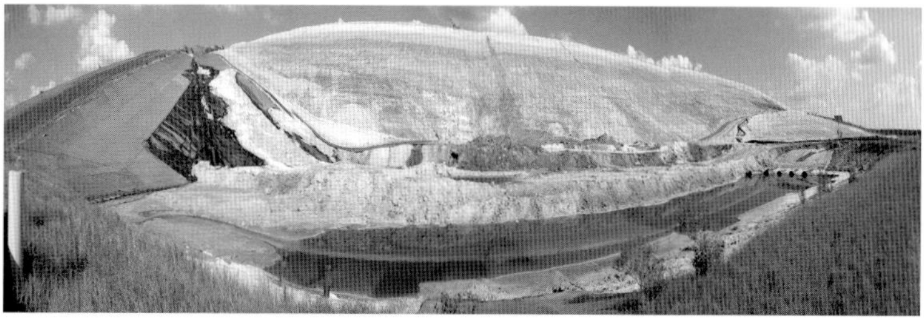

図3.5 米国フロリダ州の廃リン酸石膏の山
（米国スティーブンス工科大学 D. バッカーリ教授提供）

リン鉱石由来の放射性物質による地下水汚染

2016 年 9 月 17 日，米国の大手肥料会社であるモザイク社は，フロリダ州にあるリン肥料製造工場のリン酸石膏の貯留池の底に，直径約 14 m，深さ 70 m に達する穴が開き，低濃度の放射性物質を含んだ 80 万トンを越える廃水が流出したと発表しました．漏出した廃水の量は，オリンピック競泳用プール 300 杯以上とのことです．事故発生が発表される半月前の 8 月 27 日に，リン酸石膏を沈殿させる池の水位計が異常を検知したことで，モザイク社は事故に気づき，ただちに州と連邦政府に連絡をしました．しかし，住民はその報告がウェブサイトに掲載されて初めて事故の発生を知ったそうです．

工場が汚染水の流出に気がついて，州および連邦に連絡するまでに 3 週間の時間的な空白があったことで，住民はモザイク社への不信感を募らせ，結果としてモザイク社を訴える事態にまで発展しました．貯留池に空いた穴は，フロリダの帯水層（地下水で飽和している地層）にまで達しており，9 月 17 日の段階でもまだ漏水が続いていました．廃水にはウラン，ラジウムおよびラドンなどの放射性物質が含まれており，周囲の環境と地域住民の健康に被害が発生することが懸念されました．漏れ出した汚染水がフロリダ最大の飲料用の水源である帯水層を汚染したとなると，被害はフロリダ州に留まらず数百マイル先のジョージア州にまで及ぶことが懸念されます．

モザイク社は，急ぎ漏水を起こしたリン酸石膏貯留池から水を抜き取り，周辺の井戸に設置してあるポンプをフル稼働させて汚染水を吸い上げるとともに，地下水のモニタリングポイントを増やして警戒に入りました．幸いなことに，関係者の必死の努力の結果，汚染水による帯水層の汚染は未然に防がれ，事故は終息するに至りました．しかし，この事故はそれまでにも安全性に厳しい目が向けられてきたフロリダのリン鉱石採掘とリン酸製造事業に追い討ちをかけることになりました．米国の環境保護団体の一部は，リン鉱石採掘そのものが自然の景観を損ない，周辺の生態系を破壊しているとして，リン鉱石採掘事業そのものの中止まで求めています．

一方，リンや窒素が，湖や内湾などの閉鎖性の強い自然水域に多く流れ込むと，微細藻類と呼ばれる光合成微生物がこれを利用して，異常繁殖することが知られています（図3.6）．この現象は，畑に窒素やリンを肥料としてまけば，作物がたくさん育つことと同じ原理です．微細藻類が異常増殖（アオコや赤潮と呼ばれます）した水域では，昼間は藻類の光合成によって酸素が供給されますが，夜になると呼吸により酸素が消費されます．また，異常増殖した藻類が大量に死に，細菌などによって分解される過程で，さらに多くの酸素が消費されます．このため空気中からの酸素が届きにくい湖や内湾の底の方では酸素が不足して，魚やエビや貝などの魚介類が斃死《へいし》して，栽培漁業等に甚大な被害が発生します．異常増殖する微細藻類の中には，毒素（ミクロシスチンなど）を生産するものもあり，水源池では水利用にも支障をきたします．

このようなリンや窒素が多く流れ込むことで発生する水環境の破壊は富栄養化問題と呼ばれ，米国だけでもその被害額は年間約2200億円にまで達しているといわれています．わが国でも，リンや窒素は湖や内湾の富栄養化を引き起こす原因物質の一つとして，お金をかけて下水などから除去されています（図3.7）．その費用は，下水処理場だけでも年間約200〜400億円になるようです．リンには枯渇する資源物質であると同時に，美しい湖や内湾の環境汚染の原因物質にもなりうるという二面性があります．そのことは，リンは人間が厳しく管理しなければならない物質であることを意味しています．一度使用したリンを捨てたりせず，回収して再利用することは，リン資源の枯渇を遅らせるばか

図3.6　富栄養化した湖に発生したアオコ（Shutterstock）

図 3.7　下水から鉄を添加してリンを凝集沈殿により除去する下水処理場

りでなく，湖や内湾などの閉鎖性水域の富栄養化という環境汚染の防止にも，一石二鳥の効果が期待できるのです．

海洋無酸素事変

地質時代には，地球的規模で海底付近の酸素がなくなって，生物の大量絶滅を引き起こしたことが，少なくとも数回は発生していたことがわかっています．この出来事は，海洋無酸素事変（Oceanic Anoxic Events）と呼ばれ，とくに恐竜時代のジュラ紀や白亜紀（2〜1 億年前）で繰り返し発生しています．海洋無酸素事変が発生すると，数万年から場合によっては百万年もの長い間，海底の無酸素状態が続いたようです．白亜紀に発生した海洋無酸素事変では，アンモナイトなど多くの海洋生物が絶滅したとされています．過去に海洋無酸素事変が発生したことは，黒色頁岩《けつがん》と呼ばれる有機物や硫化物に富む堆積岩が，海洋の広い範囲にわたって層をなしていることからわかっています．

海洋無酸素事変が発生した理由については，さまざまな仮説が提唱されていますが，リンが重要な引き金になったという仮説があります．ジュラ紀や白亜紀の時代は，大気中の二酸化炭素濃度が現在の 5〜10 倍もあり，地球は温暖化して海洋の水温も高かったことがわかっています．海水温の上昇により，海面からの水の蒸発量が増え，陸上では降水量が増え岩石の風化が進み，大陸から海洋へのリンの供給量が増えたようです．

リンの供給量の増加は，海洋表層での生物生産を活発化し，その結果過剰に海底に供給された有機物の分解により，海底の酸素が消費された可能性が考えられます．無酸素状態となった海底では，酸化型の鉄イオン（Fe^{3+}）が還元型の鉄イオン（Fe^{2+}）に還元されることで，それまで鉄と結合していたリン酸イオン（PO_4^{3-}）が海水中に放出されることが知られています．このため，海底から溶出するリン酸イオンが，深層水の上昇流に乗り海洋の表層へ運ばれて，さらに生物生産を増加させたことも，海洋無酸素事変の発生に寄与したようです．なお現在でも，窒素やリンが海域に多く流れ込むことにより，水温の高くなる夏期に海底の酸素濃度が低くなる海域が見つかっており，酸欠海域（デッドゾーン）と呼ばれています．酸欠海域の存在は，1970年代に海洋学者たちの指摘により世界でも広く知られるようになりました．国連環境計画の発表によりますと，2004年に世界で146ヶ所あった酸欠海域が，2008年にはメキシコ湾のミシシッピ川河口周辺などを含め，405ヶ所にまで増加しています．地球の温暖化の影響もあって，酸欠海域の数と面積が地球的規模で増えつつあることも，科学者の間で懸念され始めています．

4

リンがなければ食料は生産できない

リンは肥料の三大栄養素のひとつであり，豚や鶏などの家畜の飼料の添加物としても重要です．人間はリンがなければ食料を生産することができません．第４章では，食料生産におけるリンの役割と，私たちの食事とリンの関係について説明します．

日本の水田と稲

4.1　食料生産とリン

農業とは，人間が生きるために必要な元素を，人間が摂取できる形態（食料）に変える行為ということができます．農業における元素の流れを知らずに，食の安全保障や農業の持続可能性について語ることに，はたしてどれだけの意味があるでしょうか？ もちろん，食の安全保障や持続可能な農業を実現するためには，リン資源を確保することのほかにも，国がしなければならないことはたくさんあります．しかし，そもそもリンがなければ，食料は生産できず農業が成り立たないことを忘れてはなりません．

植物の成長には，炭素（C），酸素（O），水素（H），窒素（N），リン（P），カリウム（K），カルシウム（Ca），マグネシウム（Mg），硫黄（S），鉄（Fe），マンガン（Mn），ホウ素（B），亜鉛（Zn），塩素（Cl），銅（Cu），モリブデン（Mo）およびニッケル（Ni）の17の元素が不可欠です．このうち，炭素，酸素，水素は大気および水から得られますので，肥料要素には入れません．また，窒素（N_2）そのものは大気中にたくさんありますが，植物は大気中の窒素ガスをそのまま利用することができませんので，アンモニアなどの形態で与えます．窒素，リンおよびカリウムが肥料の三大要素（図4.1），硫黄，マグネシウムおよびカルシウムが二次要素で，残りは微量要素と呼ばれます．前にも述べましたように，人体を構成する元素は，超微量元素まで入れると30あまりあります．植物の成長に不可欠な17元素は，いずれも人体を構成する元素の中に含まれます．おもしろいことに，ナトリウムは人体に約0.15%（重量基準）含まれる少量元素ですが，植物にとっては必須元素ではありません．

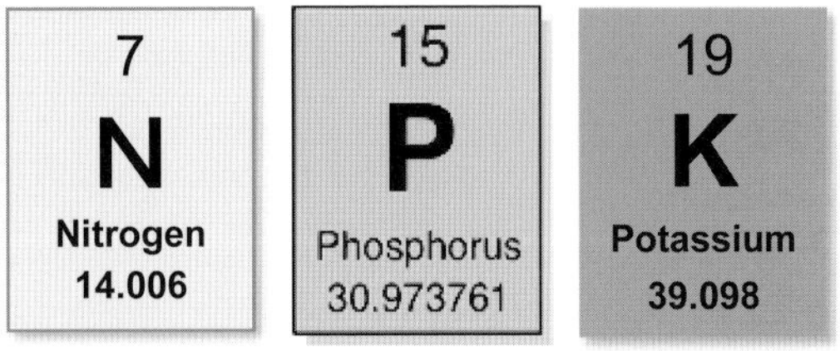

図4.1　窒素・リン（リン酸）・カリウムが肥料の三大要素

人間が農作物を栽培する時，この17の元素が十分に行き渡るように水や肥料を与えます．炭素，酸素および水素以外の元素は，人間が農作物を収穫するとその分だけ土壌から奪われることになりますので，肥料として与えなければ土壌は栄養不足になってしまいます．窒素，リン，カリウムが肥料の三大要素であることは，皆さんも学校で習ったことがあることと思います．しかし，学校で肥料の三大要素のことを教える時に，リンだけは日本に資源がないことを教えていないとすれば問題です．

一般にはあまり知られていませんが，多くの家畜の飼料にもリンが添加されています．牛，山羊や羊などの反芻《はんすう》動物には，ルーメンと呼ばれる胃の最初の部分（第一胃といいます）中に微生物がいて，植物の種子（トウモロコシ，大豆や麦など）に含まれるフィチン酸というリン化合物を分解してくれます．これらの微生物はフィターゼと呼ばれる酵素を生産して，フィチン酸の分解を助けます．しかし，豚や鶏などの非反芻動物の胃の中には，フィターゼを生産する微生物がおらず，飼料穀物を食べてもフィチン酸を効率よく利用できません．非反芻動物の飼料には，大豆やトウモロコシなどの穀物（デンプンを多く含む種子が食用となる植物）が多く使われていますが，これらの飼料に含まれるフィチン酸は吸収されることなく腸管を通過して出ていってしまいますので，豚や鶏の飼料にはわざわざリン酸カルシウムが添加されます．リン酸カルシウムを添加しませんと，骨の成長が悪くなり豚や鶏を健康に育てることができなくなります．リン酸カルシウムの添加量は，重量比率で飼料の約0.5%になります．

リンがなければバイオ燃料も生産できない

食料として重要なトウモロコシや大豆を，バイオ燃料の生産に大量に使うと，食料不足を引き起こし，食料品の値段を高騰させることになりかねません．そこで，麦わらや木質バイオマスなど，食料にはならないバイオマス（非可食バイオマスといいます）を使えば，食料問題には影響しないとの説明がなされています．しかし，非可食バイオマスをわざわざ生産し，そのために多量のリンが消費されるとなれば問題です．

かつて南米原産の「ジャトロファ」という名前の植物が，バイオ燃料の切り札として脚光を浴びたことがありました（図 4.2）．この植物の種子は毒性が強いものの油分を豊富に含むことから，非可食バイオマスとしてバイオ燃料（バイオディーゼル）生産のための原料として注目されたわけです．事実，2009 年に日本航空が「JAL バイオフライト」と銘打って，ジャトロファオイルなどのバイオ燃料を混合した燃料によるデモンストレーションフライトを行っています．しかし，たしかに毒のあるジャトロファの実を食べる人はいませんが，ジャトロファを育てるためには，食料生産にも必要な土地や水に加えて，リンや窒素などの肥料が必要です．もし，ジャトロファの生産のために土地が奪われ，水や肥料が食料生産よりも優先して使われることになれば，わざわざジャトロファを生産する意味はなくなります．しかし，ジャトロファの研究に多額の研究資金が投入された事実をみますと，わざわざジャトロファを非可食バイオマスとして生産することに意味がないことに，当時の関係者は誰も気がつかなかったのかもしれません．

いま米国におけるバイオエタノールの生産だけでも，年間約 40〜50 万トンのリンが消費されているようです．この量は，日本の年間リン消費量にほぼ匹敵します．米国科学アカデミーは，米国内の輸送燃料のわずか 5%を微細藻類が生産するバイオディーゼルでまかなうだけでも，年間約 100〜200 万トンのリンが必要になると発表しています．この量も，世界の製造業分野における年間のリン酸消費量（リン換算約 202 万トン）に匹敵します．一方，アフリカ大

図 4.2　ジャトロファの実（Shutterstock）

陸は世界最大のリン鉱石の産地ですが，そこで採掘されたリンのほとんどは大陸の外に持ち出され，大陸内ではわずか7%程度しか使われていません．お金持ちの国が非可食バイオマスを生産することで，貧しい国で食料の生産に必要なリン肥料が不足するようなことになれば，非可食バイオマスをバイオ燃料の原料に使う意味は失われてしまいます．

人間が毎日健康な生活を送るためには，食事を通してリンを摂取しなければなりません．したがって，世界の人口が増加すれば，世界のリンの消費量も当然増えることになります．この百年間で世界の人口は約18億人から76億人と約4倍に増えていますが，この間にリン鉱石の採掘量は実に50倍も増えています．2017年に世界で肥料の生産に使われたリンの量は，P_2O_5換算で約4320万トン，リン換算では約1883万トンにもなります．世界の人口一人当たりにしますと，P_2O_5換算で年間約5.8 kg，リン換算では年間約2.5 kgになります．健康な生活を送るために人が食事から摂る必要のあるリン量を年間約0.37 kg（1 g/日×365日）としますと，一人当たりの肥料用リンの年間消費量はその約6.8倍（2.5÷0.37＝6.8）にもなっています．いうまでもなく，作物の栽培のために農地にまかれた肥料のリンのすべてが，作物に含まれて人間の口に入るわけではありません．

世界のリン肥料の消費量は国や地域により大きく異なり，世界におけるリン消費量の格差もまた大きなものになってきています．例えば，アフリカのリン鉱石産出量は世界の14%を占めますが，リン肥料の消費量は世界の3%しかありません．アフリカにおける一人当たりのリン肥料消費量はリン換算で年間0.54 kgで，世界平均の約1/5しかありません．アフリカを含めて世界の農民の約1/6が，経済的な理由によりリン肥料を使うことができないともいわれています．日本を含むアジアの一人当たりのリン肥料消費量は，リン換算でほぼ世界平均の年間約2.3 kgです．一人当たりのリン肥料消費量がとくに多いのはオセアニアと南米で，それぞれリン換算で年間約15 kgおよび7.1 kgもあります．オセアニアと南米は畜産が盛んで，リン肥料は飼料作物（大豆やトウモロコシなど）の生産のために多く使われており，使われたリンは人ではなく家畜の口にたくさん入っているようです.

世界の食料生産は地球の環境変化にも大きな影響を及ぼしています. 農地はいま世界の陸地面積の約40%を占め, 世界の淡水利用量の約70%を農業が使っています. また, 世界の温暖化ガス排出量の約30%は, 農業によるものといわれています. もちろん, 世界のリン消費量の大半（85%以上）は, 肥料または飼料添加物として食料生産のために使われています. 2050年には, 世界の人口は100億人に達するといわれており, 持続的な食料生産は21世紀における人類最大の課題の一つです. 前に述べました地球の限界を超えない食料生産を実現するためには, 持続可能なリン利用は不可欠であり, リンの循環利用の重要性が指摘されています.

有機農業は現代の錬金術か

食品の安全性などに対する関心の高まりの中で, 農薬も化学肥料も使わないことを売り物とする有機農業に注目が集まっています. しかし, 有機農業といっても, 農薬はともかく肥料を使わずに, いつまでも収穫を続けることはできません. 農作物にはリンが含まれていますので, もしリンを肥料としてまったく使わずに, 何年も長い間収穫が続くとすれば, どこからかリンが供給されているはずです. もし, そうでなければリンの収支が合わず, 無から有を生み出そうとした中世の錬金術と同じような話になってしまいます.

有機農業では, 化学肥料は使わなくても牛糞や豚糞などを熟成させた有機肥料を使います. 有機肥料による野菜や穀物の栽培は, 単位面積当たりの収穫量は低くなりますが, 自然のしくみに逆らわない農業として注目されています. 家畜糞尿の中で, 牛糞はリン含有率が約0.15%とあまり高くありませんが, 豚糞や鶏糞はその約5〜10倍も多くリンを含んでいます. 豚や鶏は牛のような反芻《はんすう》動物と違って, 植物性飼料に含まれるフィチン酸という形態のリンを有効に摂取することができないため, 豚や鶏の飼料にはわざわざリン酸カルシウム（化学肥料のリンと同じもの）が添加されるからです. 飼料へのリン酸カルシウムの添加は, 豚や鶏の骨の発育や健康の維持に必要です.

反芻動物以外では，飼料中のリンの約 70%は，糞または尿として排出されます．牛糞はともかくとして，豚や鶏などの糞はよいリン肥料になります（図 4.3）．しかし，そのリンはもともと飼料作物の栽培のための肥料に使われたリンと，飼料に添加されたリン酸カルシウムに由来しています．いずれも元をたどれば，地下資源のリン鉱石に行き着きます．リン鉱石がなくなれば，有機肥料もできませんので，有機農業もまた成り立たないのです．

図 4.3 有機肥料を生み出す家畜
家畜の糞尿はよい有機肥料の原料になる．

4.2 食事とリン

前にも述べましたが，日本は重量基準で食飼料の約半分を海外から輸入しています．2017 年に食飼料を輸入するために日本が支払った金額は年間約 9.5 兆円で，日本の総輸入金額 66 兆円の約 14%になります．しかし，日本国内における国内で飲んだり食べたりすることに使われたお金の総額である飲食料の最終消費額は年間約 76.3 兆円もあり，名目 GDP 約 544 兆円の約 14%で，食飼料の輸入金額の約 7 倍もあります．日本人一人当たりに換算しますと，1 日に約 1650 円を飲食費に支出したことになります．家計の消費支出に占める飲食費の割合をエンゲル係数といいますが，日本のエンゲル係数は，2014 年頃から急増しており，2017 年には約 26%にまで達しています．これは昔と違い，日本人が食べるのに窮していることを意味しているわけではなく，日本人の飲食への関心度が高く日常生活において食事を重視していることの現れであると考えられます．日本の家計に占める外食および飲酒を除いた食費の割合は約14％で，住居費の約25％に次いで多いようです．こうしてみますと，日本において飲食に関連する産業全体の規模が，いかに大きなものであるかがわかります．

バランスのとれた食事をしましょう

皆さんは，ハム，ソーセージやプロセスチーズなどの加工食品の製造に，リンがリン酸塩（多くがリン酸のポリマーにナトリウムやカリウムなどが結合した複合リン酸塩）という形で使われていることをご存知でしょうか．時折，週刊誌などがリン酸塩を使った加工食品を「食べてはいけない国産食品」などとして，やり玉に挙げることがあるようです．しかし，表1.3の厚生労働省の「日本人の食事摂取基準」を見ればわかりますが，おとなのリンの耐容上限量（これ以上摂ると健康に問題が出ると考えられる量）は，ひとり1日当たり約3gもあります．この上限値は，欧州や米国でもほぼ同じです．

この3gという上限値を超えようとすると，どれだけ大変なことになるかを見てみましょう．例えば，ごく普通のウインナーソーセージは，長さが約10cmで1本の重さが約17gあります．この1本のウインナーソーセージには，リンが約2.4mg含まれています．もちろん，すべてが添加されたリン酸塩ではありません．ウインナーソーセージを食べて，リンの耐容上限量の3gを超えるためには，なんと毎日ウインナーソーセージを約75本も食べ続けなければなりません．ウインナーソーセージの重量でいえば，約1.3kgにもなります（図4.4）．

もし，そんな食事を毎日続けていれば，リン酸塩があろうとなかろうと，体がおかしくなっても当然でしょう．大切なことは，好き嫌いをせずにいろんなものをバランスよく食べ，体に必要な栄養素（元素）を偏ることなく摂ることではないでしょうか．「食べてはいけない国産食品」といった記事には，どれだけたくさん食べるといけないのかという肝心なところが書かれていないようです．リンは子供の骨の成長にはとても重要です．「どんな食べ物もそれば

図 4.4 ウインナーソーセージ (Shutterstock)

かり食べるのはよくない」という当たり前のことを，子供たちにしっかりと教えるとともに，リンが人間が生きていくために欠くことのできない元素であることを，きちんと教えることが大切です．もちろん，腎不全の患者さんの場合には，人工透析を行ってもナトリウム，リンやカリウムなどは除去しにくいため，これらを多く含む食事は避けなければなりません．また，使いやすいからといって，リン酸塩をむやみに食品添加物として使うことも，当然避けるべきです．

リンがなければ植物も動物も育ちませんから，植物の種子や動物の卵には種子が発芽したり卵がかえるまでに必要なリンがきちんと用意されています．種子や卵は，胚発生（受精卵から成体になる過程）の初期に必要な栄養素の自給カプセルということができます．例えば，植物の種子である大豆にはレシチンと呼ばれるリン脂質が多く含まれています（図 4.5）．お米や小麦などには，ぬかやふすまと呼ばれる部分にフィチン酸が含まれています．一方，鶏の卵にも黄身にレシチンが蓄えられています．植物の場合は，種子が発芽して根が育てば，土壌中のリンを利用して生育できます．ひよこは誕生してすぐに自力で餌を摂らなければなりません．しかし，人間のようなほ乳動物になりますと，赤ちゃんは生まれると母乳を飲んで育ちます．赤ちゃんは母乳に含まれるタンパク質とリン酸カルシウムからなるカゼインミセルと呼ばれる微粒子からリンを

図 4.5　左からレシチン，カゼインミセル（文献 12）およびフィチン酸の構造

摂ります．離乳後は食事からリンを摂ることになりますが，リンを多く含む食品にはレバー，牛肉，煮干，大豆などいろいろとあります．

一般に，穀物や野菜の生産には，収穫物に含まれるリンの量の約 5 倍のリンが肥料として必要となります．そのおもな理由には，肥料として農地にまかれたリンのせいぜい 20～25％程度しか農作物に利用されないことがあります．植物はリンを根から吸収しますが，根が届かないところのリンは利用できません．また散布されたリンの一部は，植物に利用される前に土壌に吸着されたり，雨などにより農地から流されてしまいます．また，米や麦の茎や根など農作物の一部は，食料にはなりません．したがって，食卓に上る食べ物に含まれているリンの量は，農地に肥料として散布されたリンの一部に過ぎません．

畜産の場合はさらに効率が悪く，食肉に含まれるリンの約 10 倍の量が必要になります．牛や豚や鶏を育てるには飼料が必要ですが，与えた飼料に含まれるリンの一部しか家畜の体内に留まりません．また，牛や豚は人間と同様に体重の約 10％が骨の重さで，体内のリンの約 8 割は骨にあります．鶏の場合は，体重の約 30％が骨の重さですので，ほとんどのリンは骨にあるといえます．あいにく家畜の骨はほとんど食料にはなりません．欧米では，健康，動物愛護や環境への影響を考えて，肉を食べるのを減らそうとするフレキシタリアン（Flexitarian）と呼ばれる人たちが増えてきています．フレキシタリアンとは，柔軟な（flexible）菜食主義者（vegetarian）という意味の造語です．フレキシタリアンは，菜食主義者のように肉類をまったく食べないのではなく，健康や環境に悪影響を及ぼすような肉類の食べ方を克服しようという人たちといえます．たしかに，畜産におけるリンの利用効率の悪さを考えれば，フレキシタリアン食の普及は，これから重要になるかもしれません．

カレーライスが食べられるまで

カレーライスを食べることを想像してみてください．牛肉，タマネギ，じゃがいも，にんじんのどれをとっても，その食材を得るために使われたリン肥料は，すべて海外で採掘されたリン鉱石から生産されたものです．それでは，カレーライス一人前をつくるのに，必要なリン鉱石はいったいどれほどなのでしょうか．表4.1は，カレーライス一人前のおもな材料レシピと，それを生産するために必要なリンの量を示しています．牛肉については飼料の消費量から，そのほかの食材については生産に必要な肥料の量から計算しています．

表4.1をみますと，カレーライス一人前が私たちの食卓に上るためには，およそ7.2 gのリンを必要としていることがわかります．これを，14%のリンを含むリン鉱石に換算しますと，およそ51 gとなります．つまり，私たちがカレーライスを一皿食べるということは，その中に入っているタマネギとほぼ同じ量のリン鉱石を消費していることになります．もちろん，お皿の上にリン鉱石が乗っているわけはありませんし，食べてジャリジャリするわけでもありません．想像力を働かさなければよくわからないことですが，私たちはこれだけのリン鉱石を消費することで，初めてカレーライス一皿を食べることが可能になるのです（松八重一代『リン資源枯渇危機とはなにか』第5章，大阪大学出版会，2011年より（文献4））．

表4.1　カレーライス一人前のおもな材料レシピとそれを生産するために必要なリンの量

食材	レシピ（単位 g）	生産に必要なリン量（単位 g）
牛肉	100	5.451
タマネギ	50	0.245
じゃがいも	100	0.563
にんじん	50	0.269
ごはん	150	0.691

5

リンは広範な産業分野で使われています

リンは私たちの身のまわりにあるさまざまな工業製品で使われています．工業分野で使われる高純度のリン素材の多くは，リンの単体である黄リンから製造されます．第5章では，リンが広範な製造業の分野で「産業の栄養素」とも呼ぶべき重要な役割を果たしている一方で，世界でいま黄リンの製造が危機に瀕していることについて説明します．

中国貴州省の黄リン製造プラント

5.1 リンは産業の栄養素

リンは，食料の生産のほかにもさまざまな工業製品の製造のために使われており，「産業の栄養素」とも呼ぶべき重要な役割をになっています．私たちの身近でリンがどのように使われているか，いくつか例を挙げて説明してみましょう．

① 日本の家庭の約 40％には，赤い色のボンベでお馴染みの消火器が備えられています．消火器のボンベの中には，粉末の消火剤が封印されていますが，木材火災，油火災および電気火災のいずれの場合にも効果がある粉末消火剤の主成分は，リン酸二水素アンモニウム（$NH_4H_2PO_4$）です．火炎の中では，この粉末消火剤から出るアンモニアやリン酸などのイオンが，燃焼の複雑な連鎖反応を抑えることによって，消火を助けるようです．粉末消火剤は安全のため，法で定められた期間内に新しいものと交換することが義務づけられています．古くなった粉末消火剤の有効利用は，リンのリサイクルでも重要です（図 5.1）．

② 蛍光灯も普段何気なく使っている電気製品の一つでしょう．蛍光灯のガラス管の内側には，蛍光体と呼ばれる物質が塗られています．電気スイッチを入れると，蛍光管に封印されている水銀ガスに電子が当たり紫外線が出ます．この紫外線が蛍光体に当たることで可視光（肉眼で感じることのできる波長の光）を発します．白色光を出す蛍光体には，マンガン（Mn）やアンチモン（Sb）などを含むハロリン酸カルシウム（$Ca_5(PO_4)_3(F, Cl)$）の結晶粉末が使われています．ハロリン酸カルシウムは，リン鉱石の主成分であるアパタイトと同じものです．したがって，使用済みの蛍光灯からもリンが回収できます．

図 5.1　廃棄された消火器のボンベ

③ スマートフォンやパソコンには，信

号のやりとりをするときに黄色や緑色に点滅するインジケーターと呼ばれるランプがついています．このランプには，ガリウムとリン原子が結合した半導体（GaP 半導体）が使われています．例えば，GaP 結晶に酸化亜鉛（ZnO）や硫黄（S）などを添加したものは，電圧を加えたときに黄色や緑色の光を発しますので，表示用の素子によく使われます．また，スマートフォンなどに搭載されているデジタルカメラのレンズにも，フツリン酸ガラス（Li, F や Al などを含むリン酸塩ガラス）が使われています．フツリン酸ガラスの登場で，デジタルカメラの画像解像度が飛躍的に向上したといわれています．

④ パソコンの記憶装置であるハードディスクや DVD などは，プラスチックの表面をニッケルでメッキしてピカピカに仕上げられています．プラスチックの表面をメッキするには，プラスチックが電気を通しませんので，ニッケルイオン（Ni^{+}）を次亜リン酸（H_3PO_2）で還元する化学メッキ法が使われます．ニッケルイオンは還元されて金属ニッケル（Ni）となりプラスチックの表面に沈着しますが，次亜リン酸は酸化されて亜リン酸（H_3PO_3）になります．亜リン酸をさらに酸化すればリン酸になりますが，あいにくこの反応はなかなか進行しません．亜リン酸を用途の広いリン酸にするには，廃液ごと加熱して水を飛ばし酸化する必要がありコストがかかります．このため，亜リン酸のままで有効利用する技術と用途の開発が求められています．

⑤ 電気自動車の心臓部である二次電池（充電可能な電池）には，リチウムイオン二次電池が広く使われています．リチウムイオン二次電池は，陽極にリチウム（Li）とコバルト（Co），ニッケル（Ni）やマンガン（Mn）などとの合金が使われ，陰極には炭素が使われています．陽極と陰極の間をリチウムイオンが移動するためには電解質が必要ですが，現在は液体の電解質として六リン酸フッ化リチウム（$LiPF_6$）が使われています．電解液には液漏れする心配があり，電解液を使用しない全固体型のリチウム電池の開発も盛んに行われています．しかし，全固体型のリチウム電池に使われる固体電解質の場合も，やはりリンが重要な素材の一つになっています．今後，電気自動車が普及すれば，より多くの二次電池が必要になりますので，

リンもより多く使われることになる可能性があります．また，使用済みの二次電池のリサイクルも重要になります．

⑥ ガソリン車の場合は，エンジンの潤滑油に有機リン酸エステル（アルコールとリン酸が脱水結合した化合物）が添加剤として使われています．有機リン酸エステルは水に馴染む親水基と油に馴染む親油基をもち，リン酸基（親水基）がピストンやクランクシャフト（ピストンの往復運動を回転運動に変える軸）などの金属表面に付着し，親油基が潤滑油側を向くことでピストンやクランクシャフトなどの表面を覆い，エンジンの可動部が磨耗することを防ぎます．また，自動車のボディ塗装の下塗り（パーカライジング処理と呼ばれます）にはリン酸亜鉛などが使われます．車体に使われている合成樹脂の難燃剤や安定剤などにもリンが使われています．

⑦ 日本国内で汎用的に使用されている約1400の医薬品の中で，約50の医薬品がリンを使用しています．その用途や効能はさまざまで，骨《こつ》粗《そ》鬆症《そうしょう》治療薬，制癌剤，高血圧症治療薬，抗ウイルス剤，抗生物質，ビタミン剤，点眼剤，鎮痛剤，副腎皮質ホルモン，骨疾患診断薬や催眠剤など多岐にわたっています．一般に知られている医薬品の例としては，C型肝炎（ソバルディ），骨粗鬆症（ボノテオ）やインフルエンザ（タミフル）などの特効薬にリンが使われています（図5.2）．

⑧ 加工食品では，ハムやソーセージなどの肉の結着性と保水性をよくする結着剤（縮合リン酸塩），プロセスチーズなどの乳化剤（縮合リン酸塩），ビスケットやドーナツなどを膨らませるための膨張剤（リン酸塩），コーラなどの酸味料（正リン酸（H_3PO_4））など，広くリンが使われています．現在，正リン酸と20以上の品目のリン酸塩が食品添加物として認可されています．縮合リン酸塩は，リン酸ポリマーの無機塩です．ほかにも，ポテトチップス，餡《あん》子《こ》やサラダオイルなどの製造工程でも，縮合リン酸塩や正リン酸が使われています．

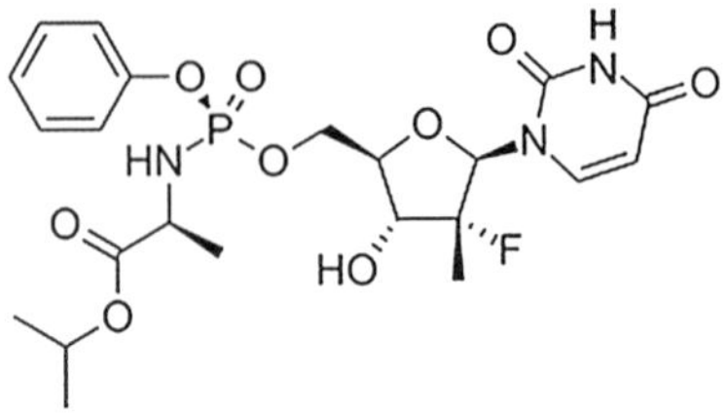

図5.2　C型肝炎治療薬（ソバルディ）の化学式

⑨ 有機リン酸エステルは，木質繊維をナノレベル（直径が1mの10億分

の1）にまで細線化して，軽く変形にも強いセルロースナノファイバーと呼ばれる新素材の製造に利用されています．少し意外なところでは，原子力発電所から出る放射性廃棄物の処理において，廃棄物に残留する核分裂生成物を鉄リン酸ガラスとして固化するプロセスや，一般廃棄物焼却施設におけるフィルターの目詰まりの防止にリン酸液を噴霧することなどがあります．また，欧州宇宙機関（European Space Agency）では，太陽観測探査機を高熱から守るための遮熱板に，黒色のリン酸カルシウムを塗装することが検討されています．

しかし，リンほど工業用の素材としての重要性が理解されてこなかった元素はほかにはありません．日本の場合，海外から輸入されるリンの約75％は，肥料や家畜飼料の添加物など農業の分野で使われていますが，残りの約25％は工業用に使われています（図5.3）．世界全体では，リン消費量の約85％が農業用（約80％が肥料で約5％が飼料添加物）で，工業用に使われるリンは全体の約15％に過ぎません．このことは，ものつくりが盛んな日本では，工業用のリンの需要が比較的大きいことを意味しています．少なくとも日本において，「リン＝肥料」といった短絡的な見方は妥当ではありません．

リンは食料の生産に絶対的に必要な「生命の栄養素」であると同時に，電子部品，自動車，医薬品や食品等の広範な製造業分野において重要な「産業の栄

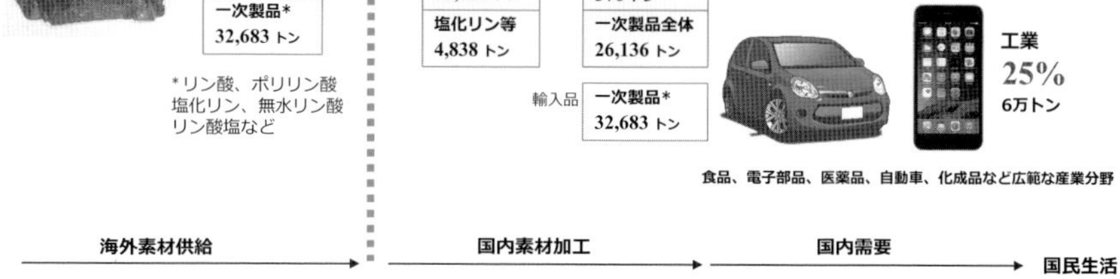

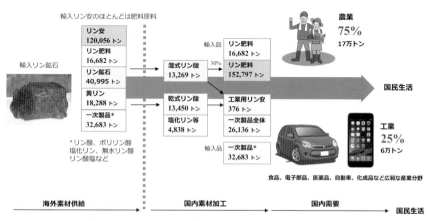

図5.3　リン＝肥料という見方は短絡的（データは2014年）

養素」でもあります．しかし，農業用に使われるリンと工業用に使われるリンとでは，求められる品質が大きく異なり，両者は別ものといっても過言ではありません．「生命の栄養素」としてのリンは，安全であればほかの栄養素と一緒に循環利用することが経済的ですが，「産業の栄養素」としてのリンは，たとえ値段が高くても純度の高いものでなければ役に立ちません（図 5.4）．例えばリン酸の場合，肥料用であれば許容される不純物（例えば，Al, Fe, Mg や Mo など）全体の濃度のレベルが 10000～50000 ppm ですが，食品用では 0.5～250 ppm，医薬品用では 0.5～100 ppm，半導体用では 0.01～0.1 ppm と厳しくなります．

リンは非常に広範な工業分野で使われていますが，個々の製品で使われる量は少なく，製造コストに占める割合も大きくありません．したがって，製造業の分野では，よほどリンの入手に困らない限り，リンの供給にリスクがあることに気がつくことはないでしょう．一方，リン製品を供給する側も，顧客に供給不安をもたせるような情報を，あえて提供することはありません．そんな状況では，2008 年に起きたリンショックのような事態にまで至らない限り，誰もリンに供給不安があることを，口にすることはないかもしれません．誰も不安を口にしなければ，国も安心していられます．しかし，リンがこれほど広範な製造業分野で使われているという事実は，一度海外からのリンの供給に問題が生じれば，わが国の製造業の分野に広範な影響が及ぶことを意味しています．

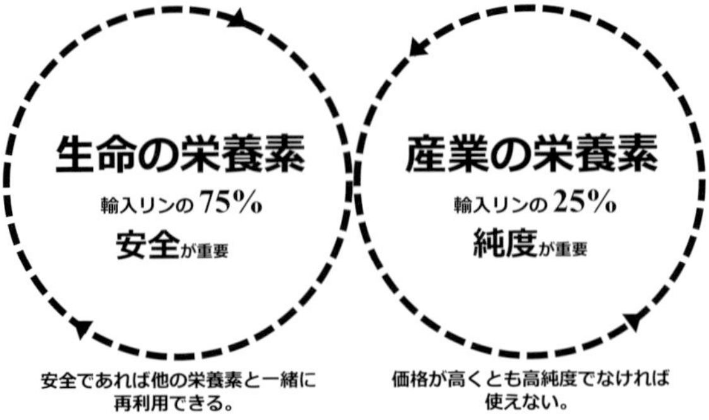

図 5.4　「生命の栄養素」と「産業の栄養素」であるリン
求められる品質が大きく異なる．

リンショック

2008年，日本にリン資源がないことを痛いほど思い知らされる出来事が起きました．世界市場でリン鉱石の価格が暴騰するとともに，黄リンやリン酸などのリン製品が深刻な供給不足に陥って，世界中でリンが手に入らなくなったのです．危機への予兆はすでに数年前からありました．世界の人口増に伴う穀物需要の増大にバイオ燃料ブームが重なって，穀物生産に必要な肥料の値段がじりじりと上がり続けて，農家は不安を募らせていました．工業の分野でも，国内のリン製品のメーカーは，原料となる黄リンの中国への過度な依存に不安を感じ始めていました．

そして2008年5月12日，中国の四川省をマグニチュード8.0の大地震が襲いました．四川省は中国におけるリン鉱石の一大産地であり，リン鉱石の採掘場が震源地周辺に集中していました．被害は深刻で，四川省におけるリン鉱石の生産がほぼ全面的に停止したばかりか，中国最大のリン鉱石の産地であり四川省の南に位置する雲南省からの輸送網も完全に絶たれてしまったのです．地震直後の5月20日，中国財政部はリン製品の特別輸出関税の大幅上乗せを突如実施し，輸出を厳しく制限して世界に衝撃が走ります．中国による前代未聞の特別関税措置は，実質的なリン製品の禁輸以外のなにものでもありません．米国が，1997年からリン鉱石の輸出を事実上停止していたことに加えて，中国が厳しい輸出規制を実施したことにより，世界のリン需給のバランスの乱れが一気に噴出します．

世界の肥料価格は，2007年にも前年に比べて約2倍になっていましたが，中国の事実上の禁輸措置により，さらに2倍も値上がります．日本の化学肥料の約6割のシェアをもつJA全農もついに7月，主要な肥料の販売価格の値上げに踏み切ります．農産物価格が全般的に低迷する中での肥料値上げは，農家の経営には大きな影響を及ぼさずにはいられません．一方，工業用リンの価格も信じられない値動きで上昇し，国内リンメーカー各社はかつてない大幅値上げを打ち出して市場は混乱状態に陥ります．もはや価格転嫁などといった次元の話ではなくなり，リンを使用する企業や問屋筋は在庫確保に奔走し，メーカーは古くからの顧客のニーズに応えるのが精一杯で，新規の注文には一切受け入れられない状況に陥りました．とくに黄リンの確保は困難を極め，海外の企業が多額の前金を持参して買い付け，一時黄リン価格はオークション同様にまでなってしまいました．

しかし幸か不幸か，わずか数ヶ月後の2008年9月，米国発の金融危機リーマンショックを契機に実体経済が急降下します．とりわけ，自動車，IT，エレクトロニクスなどの急激な生産ダウンの影響で，リン製品の需要は一転し減少し始めます．需要減少は日本だけでなくアジアや欧米各国に共通して起こり，今度は国内リンメーカーは前年に緊急に貯めこんだ高値在庫を抱え，中国からの安値リン酸の大量流入による厳しい価格競争という二重苦を強制されることになります．肥料メーカーも2008年10月以降には需要の急激な冷え込みで在庫が積み上がり，一転して在庫整理が進まず混迷を深めました．この間，国はほとんど何もすることができませんでした．リンショックの最中においても，国は中国のリン鉱石生産の復活を期待して事態の推移を見守るばかりでした．わが国をリンショックの危機から救った最大のヒーローは，皮肉にも世界の金融危機であったことは，歴史の事実として決して忘れてはなりません．

なお，最近の研究から，2008年に肥料価格の高騰を引き起こした要因が明らかになっています．2008年の肥料価格の高騰の時に，世界市場への肥料供給量が約19%減っていましたが，その約4割が中国の輸出規制によるものであったことがわかっています．それでも肥料価格高騰の最大の要因は，インドが世界市場でリン肥料（リン安）を買い集めたことにあるようです．当時，インドでは食料増産のために，農家による肥料購入には国の補助金が出ており，大きな肥料需要が発生していました．にもかかわらず，インド政府が肥料の販売価格を国で決めるなど，肥料ビジネスへの規制が厳し過ぎたため肥料メーカーの生産意欲が減退して，インド国内でリン安の生産量が一時25%も減少していました．このため農家によるリン安の需要を満たそうと，2007年にインドが海外からのリン安の輸入を大幅に（世界の供給量の約20%まで）増やし，リン肥料の価格を高騰させたようです．

5.2　黄リン製造の歴史

工業用リンの多くは，リン元素の単体である黄リンから製造されます（図5.5）．黄リン製造の歴史は，人類によるリンの工業利用の歴史でもあります．

第2章で述べましたように，ドイツのブラントが人の尿から黄リンをつくることに成功したのは1669年のことです．2019年は，ブラントによるリン発見の350周年になります．ブラントは尿を加熱して得た残留物を何度も水で洗ったため，リンの多くが洗い流されてしまったようです．1770年に，スウェーデンの化学者のシェーレとガーンが，人の尿の代わりに動物の骨（主成分はリン酸カルシウム）を原料とすることで，黄リンを大量に生産することに成功しました．シェーレとガーンは，動物の骨を焼いて得た骨粉を硫酸で溶かすことで，世界で初めてリン酸の製造にも成功しています．現在でも，リン鉱石に硫酸を加えてリン酸を製造していますが，その原理はシェーレとガーンが用いたものと基本的に同じです．彼らはこのリン酸を木灰に混ぜ加熱することにより，黄リンを製造しました．

それからまもなく，フランスのペレティア（B. Pelletier）が，シェーレとガーンが開発した技術をもとに，年間約90 kgの黄リンの生産を実現しました．ペレティアのねらいは，黄リンをマッチの原料にすることでした．さらにフランスのコワニエ（J. Coignet）がペレティアのプロセスをさらに改良すること

図5.5　中国雲南省で製造されている黄リン

により，黄リンの工業生産が可能になりました．しかし規模は拡大されても，骨粉に硫酸を加えてリン酸を製造し，それから木炭とともに加熱して黄リンを製造するプロセスは基本的に変わっていません．この黄リン生成の反応機構はかなり複雑なようですが，全体的には次のような反応式で表現されています．

$$Ca_3(PO_4)_2 + 2H_2SO_4 \rightarrow 2CaSO_4 + Ca(H_2PO_4)_2$$

$$Ca(H_2PO_4)_2\text{(加熱)} \rightarrow Ca(PO_3)_2 + 2H_2O$$

$$3Ca(PO_3)_2 + 10C \rightarrow Ca_3(PO_4)_2 + 10CO + P_4$$

この式を見ますと，炭素（C）で還元されるのは，正リン酸が脱水縮合してできた縮合リン酸（メタリン酸$(HPO_3)_n$）のようです．上記の式のメタリン酸カルシウム $Ca(PO_3)_2$ は，骨粉を硫酸で溶かした液から沈殿物の石膏（$CaSO_4$）を取り除いた後，P_2O_5 濃度が約 60％になるまで液を煮詰め，次に重量比で約 25％の木炭の粉末を加えさらに乾燥させて製造します（P_2O_5 濃度が 80％を超えると，リン酸はメタリン酸になるようです）．最後に，メタリン酸カルシウムを含む乾燥した木炭粉を耐熱性のある土でつくった容器に入れ，石炭またはガスを燃やして加熱した炉の中に約 16 時間置いて，黄リンがつくられたようです．容器から出る黄リンガスは，炉からパイプで水中に導いて，黄リンを水の中に回収します．上記の反応では，理論的には骨粉に含まれるリン酸（PO_4）の約 2/3 が黄リンに変換されます．

1870 年代になると，英国のアルブライト（A. Albright）とウィルソン（J. Wilson）は，ペレティアのプロセスをさらに改良して，骨粉中のリンを約 80％の収率で黄リンに変換することに成功しています．すなわち，10 トンの骨粉（P_2O_5 含有率が 35～40％）から約 1 トンの黄リンが製造できたようです．英国では 19 世紀の中頃には，過リン酸石灰の生産も盛んになり，骨の需要が増えて大陸から人骨まで輸入するようになります．最盛時には，英国は大陸から約 3 万トンの骨を輸入していました．ドイツの化学者リービッヒ（J. von Liebig）は，英国がクリミアの戦場やシチリアのカタコンベ（地下の墓所）などからも人骨を集めて，商業利用していると批判しています．しかし，次第に骨の入手が難しくなり，アルブライトとウィルソンは，骨粉に代えて西インドから輸入されたグアノ（リン鉱石）を原料にすることで，1880 年には年間 450 トンの黄リンを製造しました．

黄リン製造の技術革新はさらに続き，1888年になると英国のリードマン（J.B. Readman）とパーカー（T. Parker）が，それぞれほぼ同時に電気炉法（Readman-Parker プロセスといいます）を工業化して現在に至っています（図5.6）.

電気炉法では，原料となるリン鉱石（$Ca_5(PO_4)_3F$），シリカ（SiO_2）およびコークス（C）は混合され予め高温に過熱されてから，電気炉内に投入されます．高温で強い酸になるシリカには，リン鉱石を溶かすとともにCaに結合することで，Caをリン酸から引き離す働きがあります．反応全体は次のような式になります.

$$2Ca_5(PO_4)_3F + 9SiO_2 + 15C \rightarrow 9CaSiO_3 + CaF_2 + 15CO + 3P_2$$

反応のメカニズムはやはり複雑で，詳細はいまでもよくわかっていませんが，次のように一度メタ亜リン酸（metaphosphite P_4O_{10}）ができ，メタ亜リン酸が炭素で還元されるといわれています．約1500℃もの高温に加熱された電気炉内では，$3CaO \cdot 3SiO_2 \cdot P_2O_5$ のような組成の溶融物ができ，リン酸カルシウム単独よりも炭素で還元しやすくなるともいわれています.

$$2Ca_3(PO_4)_2 + 6SiO_2 \rightarrow 6CaSiO_3 + P_4O_{10} \text{（メタ亜リン酸）}$$

$$P_4O_{10} + 10C \rightarrow P_4 + 10CO$$

電気炉法の出現で，リン鉱石からの黄リン製造プロセスは，リン鉱石に硫酸を加えてリン酸を製造する工程が不要となり，連続運転が可能になりました.

図 5.6 中国湖北省にある最新の黄リン製造プラント

リンの収率は約90%にも達したといわれています．残りは鉄と合金を形成したようです．1896年には，ナイアガラの水力発電所から得られる安価な電力を利用する黄リン製造プラントが北米につくられます．日本にも，20世紀初頭に電気炉法による黄リン製造技術が導入されたようです．しかし，電気炉法も開発されてからすでに130年近く経っており，黄リン製造を取り巻く状況は当時とは大きく変わりました．開発された当時は，電気炉を用いて黄リンを製造することが経済的であったようですが，現在では黄リン製造による電力の大量消費（1トンの黄リン製造に約14000 kWh）や，原料リン鉱石に含まれる有害重金属や放射性物質による環境汚染が問題になっています．いま最先端の技術を駆使して，電力消費が少なく環境にもやさしい新たな黄リンの製造法の開発が待たれます．

5.3　危機に瀕する黄リン生産

現在，黄リンの製造に使われているエネルギーは電気です．品質のよいリン鉱石を原料としても1トンの黄リンを得るのに，約14000 kWhもの電力が必要となります．黄リンは高温で酸素があるとすぐに燃えて五酸化二リンになるため，黄リンを製造するためには，酸素に触れないように密閉された炉の中で，リン鉱石を還元しなければなりません（図5.7）．

燃焼熱を使わずに，炉内の温度を1300～1400℃に維持するには，ジュール熱（電極間を電流が流れるとき電子が抵抗を受けることで発生する摩擦熱）による加熱が便利なようです．しかし，電力の消費量をいかに少なくするかは大きな課題です．リン鉱石の品質の低下は，黄リンの製造に必要な電力の消費量をさらに増加させます．例えば，原料となるリン鉱石のP_2O_5含有率が1%低下するだけでも，黄リン1トン当たりの電力消費量が400 kWh（約3%）増加するといわれています．また，リン鉱石にウランなどの天然放射性物質が含まれていることも，リン鉱石からの黄リンの生産を困難にしています．

とくに日本は，リン資源がなく電力問題も抱え，放射性物質に関する規制も厳しいため，黄リンを国内で生産することはできず，毎年約1.8万トンの黄リンを海外から輸入しています（図5.8）．わが国は第二次オイルショック（1980

年頃）の時に，電力消費量の大きい黄リンの国内生産を断念し，米国および中国から黄リンを輸入するようになりました．

日本で黄リンの工業生産が始まったのは 20 世紀のはじめ頃ですので，わずか 80 年ほどで日本の黄リン製造の歴史は幕を閉じ，その技術とノウハウは中

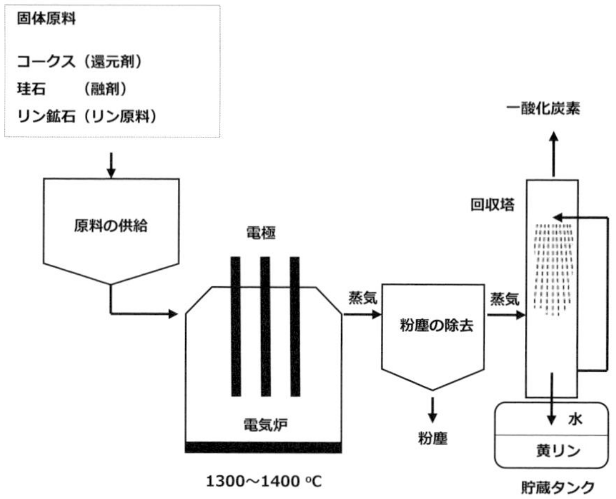

図 5.7　電気炉を用いる黄リン製造のプロセス（文献 13）

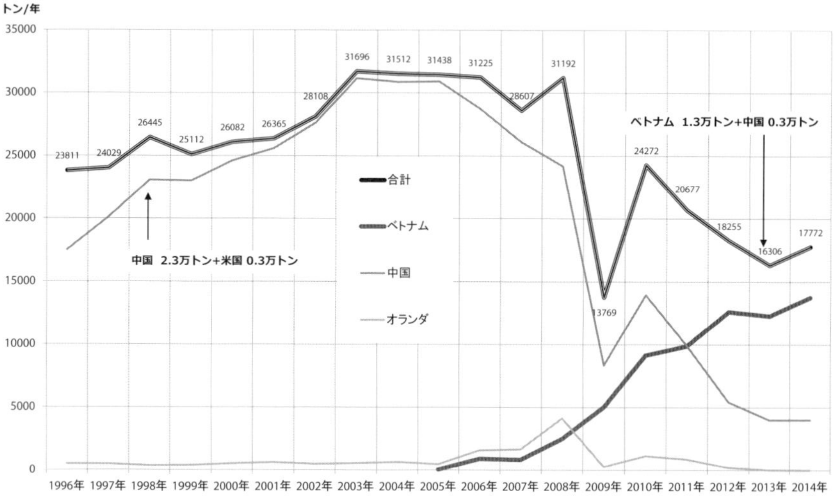

図 5.8　わが国における黄リン輸入量の経年変化（トン / 年）（三國製薬工業提供）

国に渡ってしまったようです．しかし，米国は2002年頃に国内への供給を優先するために，黄リンの輸出を全面的に停止してしまいました．1980年頃まで米国では，フロリダ州やテネシー州などに，12の黄リン工場がありましたが，黄リンの生産が多量の電力を消費し生産コストも高いため，20年後の2000年には米国内で稼動している黄リン工場は，アイダホ州のソーダスプリングス市にあるモンサント社の工場のみになっていました．

さらに，2006年頃からは中国からの輸入も減り始め，不足分をオランダおよびベトナムからの輸入により補っていました．しかし，リンショック直後の2009年には中国からの黄リンの輸入量は激減し，オランダからの黄リンも供給不足に陥り，わが国に入る黄リンの量は前年度比で約60％も減少しています．2010年以降になっても，中国からの黄リンの輸入量は回復できず，2014年には中国からの黄リンの輸入量は，最盛期の2005年と比べて約88％も減少しています．中国では，規模が小さく環境対策も不十分な黄リン工場は，政策的に閉鎖に追い込まれており，黄リンの生産量そのものも減ってきています．また，黄リン製造のための電力の多くは水力発電により供給されていますが，水力発電は季節的な降雨量の変化に影響されるうえ，中国の生活水準の向上に伴い都市部の電力需要も増えて，黄リン製造のための電力を確保することが難しくなっています．さらに悪いことに，欧州で唯一の黄リンの製造会社であったオランダのサーモホスインターナショナル社（Thermphos International）が，新興国カザフスタンによるリン製品のダンピング（不当廉売）攻勢に敗れ2012年に倒産したため，オランダからの黄リン輸入のルートも途絶えてしまいました．

いま世界の黄リンの年間生産量は約80万トンありますが，そのために消費される電力は年間約112億kWhにまで達しています．驚くことに，これは電気自動車約650万台が1年間に消費する電力に相当します．また，世界の黄リン製造は原料のリン鉱石に含まれるウランやカドミウムなどの有害重金属による環境汚染の問題にも悩まされており，現在も黄リンを商業生産している国は，中国（世界シェア約70％），米国（約14％），ベトナム（約9％）およびカザフスタン（約7％）のわずか4ヶ国に過ぎません（図5.9）．中国と米国による黄リンの生産量は世界の約85％を占めていますが，そのほとんど（約95

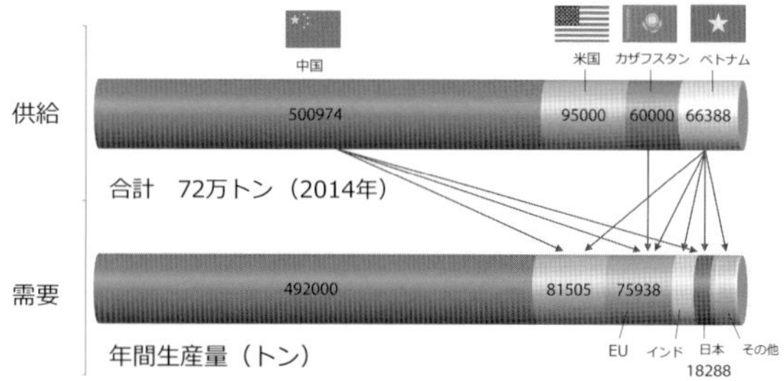

図 5.9　世界の黄リンの需要と供給（単位 トン/年）（三國製薬工業提供）

%）は両国内で消費されて海外の市場には出回っていません．カザフスタンは，世界の黄リン生産量の約 7% を生産していますが，その輸出先は欧州にほぼ限られています．現在，わが国の最大の黄リン輸入相手国はベトナムですが，ベトナムはもともと品質のよいリン鉱石資源に乏しく，電力も中国の水力発電に頼るところがあり，いつまで黄リンを輸出し続けることができるかどうか危ぶまれています．

欧州唯一の黄リン製造会社の倒産

オランダのサーモホスインターナショナル社（以下，社名の頭文字から TI 社と略します）は，欧州で唯一つの黄リンの製造会社でしたが，カザフスタンのダンピング攻勢に敗れて，2012 年にやむなく倒産するに至りました．カザフスタンのシムケント市の黄リン製造工場は，TI 社の黄リン製造プラントを立てたドイツのエンジニアリング会社が建設しており，欧州にとりカザフスタンへの技術協力が裏目に出たといえるかもしれません．TI 社は，1970 年頃から約 45 年にわたり，輸入リン鉱石を原料に黄リンを製造していましたが，輸入リン鉱石への過度な依存を克服しようとして，下水汚泥焼却灰や食肉加工場から出る肉骨粉など，欧州内にある未利用リン資源を原料として，黄リンを製造することを計画していました．

しかし，2010 年頃からカザフスタンの安価な黄リンとそれから製造されるリン基礎化学品が欧州に流れ込むようになると，TI社は厳しい価格競争にさらされ，2012年11月にはついに45年に及んだ黄リン事業に幕を下ろすことになります．TI社は2010年に，自社の黄リン製造工場がダイオキシンやカドミウムを排出しているとして，国から警告を受け汚染対策に取り組んでいました．その一方で，欧州の厳しい環境基準が適用されることのないカザフスタンとの価格競争を強いられ，それが経営に大きな負担となっていました．TI社は倒産前の2011年11月に欧州委員会（日本の内閣に当たります）に，カザフスタンによる安価な黄リンと関連製品の輸出は，ダンピングに当たるとして提訴していました．

2011年12月，欧州委員会はTI社によるダンピング訴訟を受けて，2012年12月まで1年あまり審査を行いました．その結果，欧州委員会はカザフスタンによる安価な黄リンと関連製品の輸出はダンピングに相当することを認めました．しかし，カザフスタンからの輸入リン製品に反ダンピング関税を課すことは，欧州におけるリン製品の価格高騰を招きかねず，必ずしも欧州の利益にはならないとして，反ダンピング関税を課さないとの判断を下しています．もはや欧州にとって，黄リンはカザフスタンから輸入するしか道がなくなっていたためです．

TI社は，黄リン製造部門の売却をこころみましたが，どこからも買い取り手がつかず，結局TI社は倒産するに至り約450人が職を失いました．TI社の倒産により，欧州では黄リンを製造する企業はなくなり，欧州は黄リンをカザフスタンにほぼ全面的に依存せざるをえなくなりました．このため，欧州は

図5.10　TI社の黄リン製造プラントから出ていたスラグ
（W. スキッパー博士提供）

2017 年に黄リンを重要原料物質（Critical Raw Materials）のリストに加え，改めて黄リン確保のための戦略を練り直すことになりました．しかし，黄リン製造のための大量の電力消費や天然放射性物質を含む廃棄物の問題などがネックとなり，容易に前に進めない状況が続いています．

なお，TI 社の黄リン製造工場の跡地には，黄リン製造時に出たカドミウムや放射性物質を含む廃棄物（スラグ）が大量に残されており（図 5.10），その処理には多額の経費がかかることが指摘されています．すでに TI 社は倒産しているため，国，地方自治体と土地保有者が経費を分担して，旧黄リン製造工場の敷地内に残されたスラグを処理するようです．

6

地下リン資源から地上リン資源へ

リン鉱石が枯渇していく一方で，リンの多くは一度使われただけで廃棄されてます．いま世界は地下リン資源への過度な依存をやめ，一度使ったリンを地上リン資源としてリサイクルすることを始めています．第6章では，地下リン資源に代えて地上リン資源を有効活用し，持続的なリン利用を実現しようとする欧州の先進的な取り組みを紹介するとともに，日本国内にある地上リン資源について説明します．

わが国最大の地上リン資源である製鋼スラグ

6.1 欧州の先進的な取り組み

地下資源であるリン鉱石への過度な依存を断ち切り，いつまでもリンを使い続けることができるようにするためには，一度使って捨てたリンを地上にある資源として何度も繰り返し使う必要があります．すなわち，地下リン資源はできるだけ掘り出さずに未来の世代のために残し，どうしても掘り出さなければならない場合は，一度使ったリンを地上リン資源とみなして，徹底的に使い切る必要があります．リン資源を持続的に使い続けることは，いま新たなグローバルな関心事になってきています．とりわけ欧州は，持続的なリン利用への取り組みにおいて世界をリードしています．加速する欧州の戦略的な取り組みを見るにつけ，わが国の取り組みの立ち遅れを痛感せざるをえません．

日本では十年以上も前の2008年に，持続的なリン利用の実現を目指して，産官学連携の全国組織であるリン資源リサイクル推進協議会が設立されています．欧州の持続的リン協議会（European Sustainable Phosphorus Platform）が設立されたのが2013年のことですから（図6.1），日本の協議会の設立は，欧州よりも5年も前のことになります．欧州の協議会の設立には，日本の協議会の設立が影響を与えたことは間違いありません．

しかし，その後の欧州では，持続的なリン利用が欧州連合（EU）の政策課題（EUに加盟していないスイスはさらに積極的です）となり取り組みが大きく進展していますが，わが国では未だに政策の窓が十分に開かれていない状況

図6.1　欧州持続的リン協議会の発足が宣言されたベルギー・ブリュッセルでの会議（2013年）

が続いています．欧州と日本は，ともにリン資源がなくリンを輸入に依存している点で共通しています（欧州にはフィンランドを除きリン鉱山がありません）．また，市民の環境問題，食の安全性や持続可能な社会などへの関心が強い点でも一致しています．にもかかわらず，欧州で持続的なリン利用が政策課題となり戦略的な取り組みが進展する一方で，なぜ日本では政策の窓が十分に開かれてこなかったのでしょうか？

日本でも欧州でも，持続的なリン利用という考えが登場し始めたのは2008年頃のことです．その直接の引き金になったのは，いうまでもなくリンショックです．日本と欧州はともにリン資源をもたないため，リンショックにより農業や製造業が大きな打撃を受けた点では共通しています．しかし，その教訓の活かし方には，欧州と日本では大きな違いがありました．欧州ではリンの輸入依存からの脱却が急務とされ，次々に重要な政策支援が打たれましたが，日本ではその教訓は活かされることなく，リンショックなどまるでなかったかのように忘れ去られてしまいました．

EUには英国も含めますと28の加盟国があり，EUレベルで新たな課題が政策に取り上げられるためには，EU全体の利害にかかわりがあることはもちろん，ほかの課題よりも優先的に取り組まねばならない理由が，28の加盟国に明瞭かつ説得力のあるロジックで示されなければなりません．それだけに，一度EUの政策課題に取り上げられれば，EUのレベルばかりか加盟28ヶ国それぞれの国内においても同様に政策支援が行われます．欧州で持続的なリン利用がEUの政策課題になりえた背景には，従来の直線型の経済（linear economy）から，循環型の経済（circular economy）へ移行することが，EUの基本的な経済成長戦略とされたことがあります．直線型の経済とは，地下資源の採掘→生産→消費→廃棄という，従来の資源使い捨て型の経済を意味しています．一方，循環型の経済とは，地下資源にできるだけ頼らず，地上にある資源を何度も繰り返し利用することで，資源を無駄なく利用しようとする経済を意味します．

直線型経済から循環型経済へ移行することは，経済の成長をエネルギー，資源や環境による制約から解除することにあります．言い換えれば，エネルギー，資源や環境による制約を受けない産業を育成することで，経済を成長させようとする成長戦略といってもよいでしょう．経済成長は必要ですが，そのために資源やエネルギーを大量に消費したり，環境に不可逆的な影響を及ぼすことが避けられないとすれば，それは決して「賢明な成長」とはいえません．

しかし，地上リン資源はもともと廃棄物や用途の限られた副産物ですから，リン鉱石やリン製品の輸入価格がよほど高騰でもしない限り，そのまま利用しても採算がとれないのは当たり前です．もっとも，経済採算性なるものは多分に政策によるところがあり，政策により経済的なルールを変えることで，採算性のとれない事業を採算のとれる事業にすることは可能です．もちろん，お金がどこからか湧いてくるわけではありませんから，事業のコストは誰かが負担しなければならず，そのため政策による経済ルールの変更は国民の合意がなければ実現できません．

持続的開発目標（SDGs）とリン

持続的開発目標（Sustainable Development Goals（SDGs））は，2015年に国連総会で加盟193ヶ国の賛成により採択された持続可能な開発を実現するための目標です．SDGsには17の目標（Goal）が示されています（図6.2）．リンは17のGoalのうち，少なくとも12のGoalと関係しています．

図6.2　持続的開発目標（SDGs）

以下，それぞれのGoal番号および標語とともに，持続的なリン利用との関係について短くまとめます．

Goal 2 飢餓をゼロに
リンは食料の生産に必要です．持続的なリン利用は食料の安全保障に貢献します．

Goal 3 すべての人に健康と福祉を
リンがなければ人間は生きられません．人間が健康な毎日を送るためには，一人が毎日約1gのリンを摂る必要があります．

Goal 6 安全な水とトイレを世界中に
下水などからのリンの除去は，水域の富栄養化を防止し，きれいで安全な水環境を守ることに貢献しています．

Goal 7 エネルギーをみんなに，そしてクリーンに
リンはバイオマスやバイオ燃料の生産に絶対的に必要です．

Goal 8 働きがいも経済成長も
リンのリサイクルは，経済活動の資源および環境による制約を解除し，持続可能な経済成長の実現に貢献します．

Goal 9 産業と技術革新の基盤をつくろう
リンは産業の栄養素です．リンをリサイクルすることは，ものつくり産業への高純度リン素材の安定的な供給を可能とし，わが国の産業基盤の強化に貢献します．

Goal 11 住み続けられるまちづくりを
リンのリサイクルは，都市から出る下水汚泥や食品廃棄物などの資源化に貢献し，持続可能な都市づくりに貢献します．

Goal 12 つくる責任，つかう責任
持続的なリン利用は，地下リン鉱石資源への過度な依存をやめ，農業やものつくりにおけるリンの利用効率を高めることで，持続可能な生産と消費に貢献します．

Goal 13 気候変動に具体的な対策を
電気を大量に消費しない黄リン製造技術ができれば，電気自動車650万台分の電力の消費が節約でき，低炭素型社会の実現にも大きく貢献します．

Goal 14 海の豊かさを守ろう
リンのリサイクルは瀬戸内海や東京湾などの富栄養化防止に貢献します.

Goal 15 陸の豊かさも守ろう
リンのリサイクルは，湖や河川の生態系を守り生物多様性の維持に貢献します.

Goal 17 パートナーシップで目標を達成しよう
日本のリン資源リサイクル推進協議会（2018 年より一般社団法人リン循環産業振興機構）は，世界の持続的リン利用を実現するために国際な協力を続けています.

なお，持続的リン利用は，残りの Goal 1（貧困をなくそう），Goal 4（質の高い教育をみんなに），Goal 5（ジェンダー平等を実現しよう），Goal 10（人や国の不平等をなくそう）および Goal 16（平和と公正をすべての人に）の目標にも，人間活動を通じて間接的に貢献することが期待されています.

欧州ではいま，地上リン資源を積極的に活用するためのルールづくりが行われています．例えば，欧州内にある地上リン資源（家畜糞尿や食品廃棄物など）を肥料に利用するため，欧州肥料法の大改正を行いました．その中でもとくに重要な改正点は，肥料原料に含まれる有害重金属のカドミウムに関する規制の強化です．新しい欧州肥料法には，リン肥料のカドミウムの許容上限値を現行の 80 mg/kg P_2O_5 から 60 mg/kg P_2O_5 に厳しくすることが書かれています．EU は 2014 年にリン鉱石を重要原料物質のリストに加えて，2017 年には黄リンをこのリストに加えました．これにより欧州では，リンの持続的利用を政策課題とする行政上の根拠が出揃いました．欧州ではまた，下水汚泥やその焼却灰などの地上リン資源からリンを回収し再資源化するビジネスへの政策支援も始まっています（図 6.3)．例えば，ドイツ，スイスやオーストリアなどでは，条例により下水汚泥の農地還元（下水汚泥を肥料として農地に直接散布すること）を全面的に禁止するとともに，下水汚泥からリンを回収することが義務づけられています．中でもスイスは，下水汚泥に含まれる有害重金属や病原菌が

図 6.3　オランダ・アムステルダム市の下水処理場に建設されたリン回収装置
（農業・食品産業技術総合研究機構　三島慎一郎博士撮影）

図 6.4　スイス・チューリヒ市にある下水汚泥焼却プラント

農地に入ることを懸念して，2006 年に農地への下水汚泥の散布を全面的に禁止しました．スイスはまた，欧州で初めて下水汚泥の全量焼却処分を決め，焼却灰からのリン回収も義務づけています（図 6.4）．

下水汚泥からリンを回収することが義務づけられれば，下水処理場は業務としてリンを回収しなければなりません．リン回収にかかる費用は，下水道のサービスを受ける企業や市民が負担することになります．このルール変更により，下水からのリン回収は経済採算性の分岐点を越えて，ビジネスが成立することになります．下水汚泥の農地への散布を禁止してリン回収を義務づける動きは，北欧のスウェーデンなどにも広がってきています．その背景には，欧州の大手食品企業が下水汚泥を散布した農地からの農作物を買わない動きを見せていることや，下水汚泥に濃縮されたマイクロプラスチックの問題があります．

日本と同様にリン資源のない欧州にとって，地上リン資源を活用することは地下リン資源への過度な依存からの脱却（資源制約の解除）と同時に，食料生産と消費に伴う環境問題（地球温暖化や水域の富栄養化など）の低減（環境制約の解除）にも貢献できる可能性があります．とくに，欧州内で大量に発生する家畜糞尿（人間の排泄物の約 8 倍も発生）を厄介な廃棄物から資源へ転換できれば，長年の悩みが一気に解決できることになります．EU の肥料法改正の背景には，カドミウムに対する規制を強化することで，カドミウムを多く含むモロッコなどのリン鉱石を欧州市場から締め出し，大気や水環境の汚染源になりやすい家畜糞尿の肥料利用を促進することで，資源問題と環境問題を同時に解決するねらいがあります．

欧州肥料法の大改正

2016 年 3 月に欧州委員会より発表された欧州肥料法の改正案は，2016 年 5 月 12 日まで意見公募が行われ，2017 年 1 月から欧州議会において審議が行われました．この肥料法の改正は，これまでの地下資源に依存した化学肥料を直線型経済の遺物として，循環型経済の新時代に適合する地上資源を有効活用した肥料（イノベーション肥料と呼んでいます）のための市場を開設することをねらいとしています．

地上資源を利用したイノベーション肥料が，これまでの化学肥料と対等に戦える市場を構築するため，イノベーション肥料には CE（Circular Economy）マークを与えます．その最大のねらいは，家畜糞尿や食品廃棄物など（バイオ廃棄物と呼んでいます）を活用した肥料の欧州共同市場を開設することですが，EU 加盟各国の国内のみで流通させる肥料については，各国の肥料法の基準を満たせばこれまで通りに販売することができます．例えばフランスや英国など下水汚泥の肥料利用を認めている国では，汚泥肥料なども引き続き国内であれば流通させることが可能です．

もちろん，イノベーション肥料にも化学肥料と同レベルの品質基準を定め，より安全で安価な肥料を提供するとしています．例えば，P_2O_5 の含有率が 5％以下の肥料のカドミウム規制値は 1.5 mg/kg 乾燥重量とし，5％以上の P_2O_5 を含む肥料（リン肥料と呼びます）の場合は，現行の 80 mg/kg P_2O_5 から，12 年後には 20 mg/kg P_2O_5 まで厳しくすることを提案しています．もし，カドミウムに関する規制の強化が実施されれば，モロッコなどのリン鉱石のほとんどが，欧州の市場から締め出される可能性があります．そこまでカドミウムの規制値を厳しくしなければならない科学的な根拠は必ずしも明確ではありませんが，欧州肥料法改正には地下リン資源への過度な依存を断ち切り，欧州内にある地上リン資源を有効に活用しようとする欧州の意図が読み取れます．

もちろん，欧州市場からのモロッコのリン鉱石が締め出されることになれば，欧州で肥料価格が高くなることが懸念されます．ロシアが，カドミウムの少ない火成リン灰石を盛んに売り込みを始めていますが，欧州はロシアのリン鉱石に依存することにも警戒を示しています．このため，欧州委員会，欧州理事会と欧州議会の三者による協議はなかなか結論に至らず，モロッコやロシアまで含めた論争は「カドミウム戦争」とマスコミで揶揄されました．なお，肥料に使用できるバイオ廃棄物には，下水汚泥や工場などからの汚泥は含まれていません．これらの汚泥や焼却灰から分離回収したリンについては，肥料原料として認める方向で検討が行われています．また，肥料登録等の事務作業の簡素化を図ることも，肥料法改正の重要な目的の一つとされています．

欧州が目指す循環型経済への変革はかなり根本的なもので，従来のリサイクルを一部考慮にいれた直線型経済（linear economy with recycling）とは異なり，エネルギー，資源および環境による制約を受けない産業の育成を優先して経済を成長させる戦略です．働けば働くだけ環境がよくなり，エネルギーと資源の無駄を減らせることは，賢明な選択といえるかもしれません．欧州では，これまでの「環境を汚染させない」ビジネスや暮らしのあり方に加えて，地下資源を浪費しない「資源にやさしい」生き方が求められるようになってきています．持続可能な循環型経済を目指せば，資源の利用効率を高めることは当然であり，そうなればリサイクルは欠かせません．

欧州のリンの持続的な利用の意義を説明するロジックは明解で，私たち日本人にもわかりやすいように思います．リンの持続的な利用が，世界最大規模の産業の一つである食品産業の資源および環境制約の解除に貢献するという考え方は，日本にもほぼそのまま当てはまります．しかし，直線型経済から循環型経済に転換する気配がまだ見られない日本において，欧州のロジックをそのまま持ち込んでも，すべてがすんなり受け入れられるとは思えません．例えば，肥料などの農業生産資材の価格引き下げが政策課題となる日本が，地上資源の活用を支援するために，国内肥料の価格引き上げにつながりかねない輸入リン鉱石や肥料の締め出しをするとはとても考えられません．したがって，リン回収・再資源化事業のアウトプットとして肥料だけを考えていたのでは，日本におけるリンリサイクルビジネスの経済採算性は，肥料の安い市場価格に足を引っ張られかねません．わが国が地下リン資源に過度に依存せず持続可能なリン利用を実現するためには，わが国の事情を反映した新たなロジックを付け加える必要があります（図 6.5）．

図 6.5 地下から掘り出されたリン鉱石（中国貴州省開磷市）

欧州の大義名分

欧州委員会は，市民への意見聴取を経て，持続的なリン利用に取り組むことが EU の政策課題に値するだけの意味をもつと判断しましたが，そのおもな理由は以下のように整理できます．

① リンは，すべての生命にとり必須な元素であり，食料の生産に絶対的に必要である．

② いまリンのほとんどはリン鉱石から得られているが，リン鉱石の形成には何千万年もの年月が必要であるから，人間のライフスパン（寿命）からみて，リン鉱石は枯渇する地下資源といわざるをえない．

③ 地下資源であるリン鉱石は，できるだけ多くを未来の世代のために残すべきである．

④ 欧州にはリン鉱石資源がほとんどなく（唯一のリン鉱山はフィンランドのシーリンヤルビ（Siilinjärvi）にあります），ほぼすべてを輸入に頼っている．

⑤ 世界のリン鉱石の経済埋蔵量の約 75%がモロッコ王国一国に集中しており，モロッコ王国は西サハラの領有権をめぐる紛争を抱えていることから，地

政学的なリスク（特定地域が抱える政治的あるいは軍事的な緊張が与える影響）が大きい.

⑥ リン鉱石の経済埋蔵量の推定には不確定要素が多々あるが，重要なことはリン鉱石の経済埋蔵量の大小ではなく，欧州に安価で品質のよいリンが安定かつ長期的に入り続けるかどうかにある.

⑦ 欧州がリンを輸入に依存している限り，リン鉱石の需要の増加，品質の低下や採掘環境の悪化などにより，2007～2008 年に起きたリンショックと同様な事態に，欧州が再び巻き込まれる可能性は否定できない.

⑧ リン鉱石には，カドミウムや天然放射性物質が含まれており，リン鉱石の輸入によりこれらの有害物質が欧州に持ち込まれている.

⑨ にもかかわらず，欧州内における管理の行き届かないリンの使用により，貴重なリンが自然水域の富栄養化の元凶物質となり，環境汚染の防止と修復に莫大な経費がかかっている.

⑩ 欧州内には大量の地上リン資源が存在し，これをリサイクルすれば環境，食料生産，経済にとり多くのメリットが生まれる可能性がある.

6.2　日本の地上リン資源

日本におけるリンの流れ（リンフロー）を図 6.6 に示します．日本のリンフローについては，これまでも何度かつくられたことがありましたが，いずれも 2008 年のリンショック以前のデータによるものでした．わが国のリンフローは，リンショックをはさんで一変した可能性があり，リンショック以前のリンフローの数値では，現状を正しく把握することはできません．

なお，図 6.6 の数値は 2016 年までに公表された資料などから筆者ら（早稲田大学リンアトラス研究所）が推定した数値ですが，まだ未完成のものであり出入りするリンの収支が合わないところも多々あります．今後かなりの修正が必要ですので，これらの数値が一人歩きするようなことは避けなければなりません．

第 2 章でも述べましたが，日本はリン資源をもたないにもかかわらず，世界

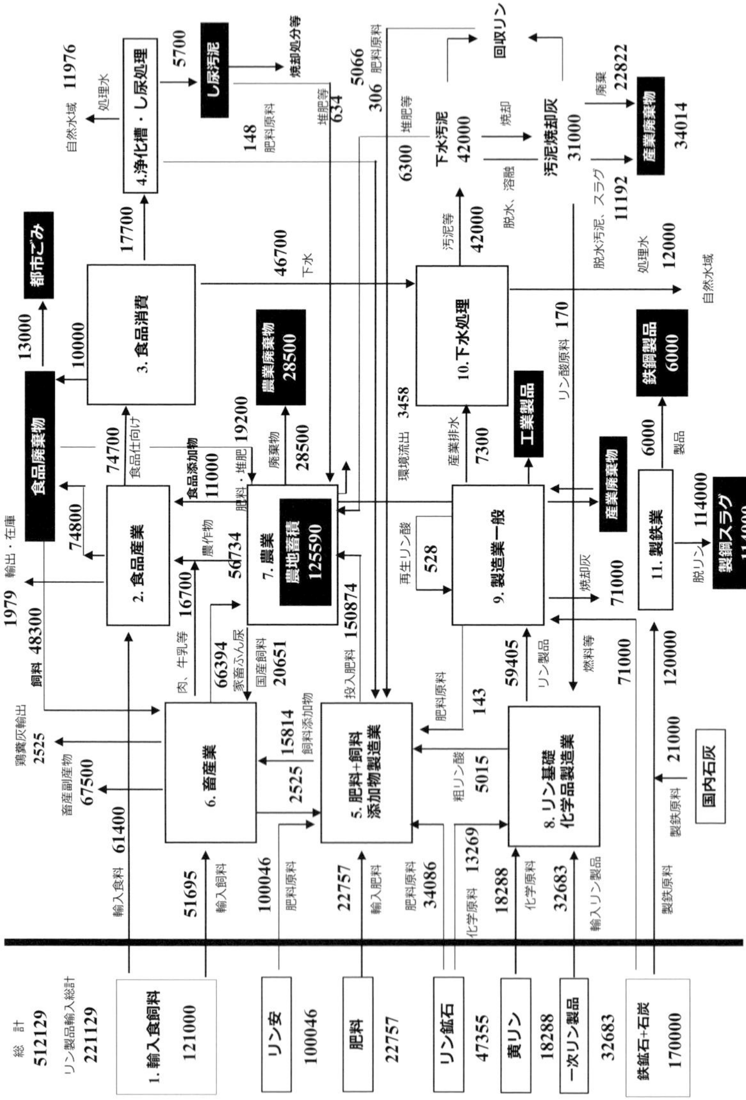

図 6.6　日本におけるリンフロー（単位 トン/年）

第7位のリン消費大国です．2016年現在，わが国には総量として年間約51万トンのリンが持ち込まれています．このうち，食飼料や鉄鉱石などに含まれて国内に持ち込まれるリンが約29万トンもあり，リン鉱石やリン製品として輸入されているリンは約22万トンです．東北大学の松八重一代教授らが作成された2005年のデータ（文献14）と比較しますと（表6.1），やはりリンショックをはさんで，総リン量で約20％，リン鉱石を含むリン製品として輸入されたリン量で約30％も減少しています．

さらに詳しく見ますと，2005年に比べてリン鉱石と肥料が約60％，黄リンが約40％も減少している一方で，リン安（リン安のほとんどは肥料原料になります）と一次リン製品（リン酸，縮合リン酸，塩化リンやリン酸塩など）の輸入量の合計はほとんど変化していません．驚くことに，リン安を除いた一次リン製品の輸入量で見ますと，2005年に比べて2016年には約65％も増加しています．その結果，黄リンと一次リン製品の輸入量の合計は，リン換算で2005年および2016年とも約5万トンとほとんど変化していません．このことは，わが国はリンショックを経験して，農業用のリンの輸入量は大幅に減ったものの，工業用のリンの輸入量は減らすことができなかったことを意味しています．2008年のリンショック以降は，工業用のリンについても，黄リンよりもリン製品に加工されて輸入される量が圧倒的に増えています．

国内に持ち込まれた年間約51万トンのリンは，いったいどこへいっている

表6.1　リンショック前後の2005年（文献14）および2016年のリンフローの比較（単位 万トン/年）

年度	2005年	2016年
総リン量	62.8	51.2
食飼料	16.3	12.1
鉄鉱石・石炭	13.8	17.0
リン鉱石	10.1	4.7
リン安	12.1	10.0
肥料	5.3	2.3
黄リン	3.2	1.8
一次リン製品	2.0	3.3
リン鉱石＋リン製品合計	32.7	22.1

のでしょうか？ 年間約12万トンのリンが輸入食飼料に含まれて国内に持ち込まれる一方で，約13.9万トンのリン（リン安10万トン＋肥料2.3万トン＋リン鉱石の1/3の1.6万トン）が肥料または飼料添加物の製造のために輸入されています．両者の合計約26万トンのリンのうち，1.25億人の日本人が消費する食料（食品仕向け量）に含まれるリンは，約7.5万トン（約29%）に過ぎません．日本人一人当たりのリン消費量を1g/日として計算されるリン消費量は約4.6万トンですので，食品仕向けのかなりの部分が食品廃棄物になっている可能性がありますが，食品系のリンの流れには不明の点が多く正確なところはまだよくわかりません．

農業，畜産業および食品産業の分野で消費された26万トンのリンのほとんどは，農地への蓄積（年間約12.6万トン），麦わらなどの農業廃棄物（約2.9万トン），家畜の肉や骨などの畜産副産物（約6.8万トン）や食品廃棄物（約8.5万トン）などに移行しています．なお，食品廃棄物の多く（約6.7万トン）は，すでに家畜の飼料や堆肥に利用されているようです．また，家畜糞尿のリンは年間約6.6万トンと推測されますが，そのほとんど（約90%）は農地に肥料や堆肥として還元されているようです（図6.7）．畜産副産物もレンダリングと呼ばれる処理が行われて，そこに含まれているリンは家畜の飼料や肥料などに利用されているようです．

農地へのリン投入量は，家畜糞尿約6.6万トン，化学肥料投入量約15.1万ト

図6.7　家畜の糞尿を発酵させて堆肥を製造する施設

ンおよび下水汚泥や食品廃棄物由来の堆肥などによる約 2.6 万トンの合計 24.3 万トンになります．このうち，農作物への移行量は約 5.7 万トンですから，農地へのリン投入量の約 23%が農作物に移行していると思われます．また，畜産分野へのリン投入量は，輸入飼料約 5.2 万トン，国産飼料約 2.1 万トン，食品廃棄物 4.8 万トンおよび飼料添加物約 1.6 万トンの合計約 13.7 万トンになります．これに対して，畜産物の肉類および乳製品のリンが約 1.7 万トンですから，畜産分野へ投入されたリンの約 12%が畜産物に移行したと思われます．国民が消費した食品中のリンは，下水道へ年間約 4.7 万トン，浄化槽・し尿処理へ約 1.8 万トン，そして残りの多くは家庭からの食品廃棄物（約 1 万トン）として排出されます．下水道にはほかに産業分野からの約 0.7 万トンのリンも負荷されます．し尿処理場および下水処理場で発生する汚泥には，それぞれ約 0.6 万トンおよび約 4.2 万トンのリンが含まれています．

一方，製造業分野では，リン酸や塩化リンなどのリン基礎化学品製造業の分野に，原料として投入される年間約 6.4 万トンのリンのうち，約 0.5 万トンは粗リン酸（約 35% P_2O_5）として肥料用途になり，残りの約 5.9 万トンが広範な製造業分野で使われています．とくに食品添加物や自動車車体の塗装下地処理などでリン酸の需要は多く，この 2 つの分野だけでも年間 2 万トンに近いリンが消費されているようです．製造業分野にはまた，燃料用石炭に含まれる年間約 7 万トンのリンが流入しますが，そのほとんどは焼却灰に移行し産業廃棄物になっていると思われます．製造業分野におけるリンの用途は多様であり，使用されたリンが製品へ移行する割合も製造業の分野ごとに大きく異なるため，まだその流れはほとんど把握できていません．しかし，コストに厳しい製造業分野において廃棄物に移行するリンの割合は，農業分野に比べるとはるかに少ないことが考えられます．また，製鉄業分野では原料となる鉄鉱石，石炭および石灰にリンが含まれており，年間約 12 万トンのリンが流入します．このうち，製品に約 0.6 万トンのリンが移行し，残りの約 11.4 万トンのリンが製鋼スラグに含まれて排出されているようです．

以上のように，わが国におけるおもな地上リン資源には，リンとして年間約 6.6 万トンある家畜糞尿以外に，製鋼スラグ（リンとして年間約 11.4 万トン），畜産副産物（約 6.8 万トン），食品廃棄物（約 8.5 万トン），農業廃棄物（約 2.9

万トン），下水汚泥（約 4.2 万トン），およびし尿汚泥（0.6 万トン）などがあります（表 6.2）．このうち，肥料や堆肥として農地に直接戻されているリン量は，まだ年間約 2.7 万トン（食品廃棄物より約 1.9 万トン＋浄化槽・し尿処理汚泥より約 0.06 万トン＋下水汚泥より約 0.7 万トン＋製造業より約 0.05 万トン）に過ぎません．

しかし，家畜糞尿がほぼ全量農業に利用されていると仮定しますと，リサイクルされているリン量は合計約 9.5 万トンになり，国内に持ち込まれるリンの総量に対するリサイクル率は約 19％になります．今後は，賦存量の大きさと回収のしやすさから，製鋼スラグ，畜産副産物，下水汚泥およびし尿汚泥が家畜糞尿と食品廃棄物に続く，有望な地上リン資源になると思われます．なお，年間約 12.5 万トンものリン（海外からの年間リン流入総量約 51 万トンの 24％に相当）が，農地に蓄積していることは問題です．地上リン資源の有効利用のためには，家畜糞尿（リンとして年間約 6.6 万トン）や堆肥（約 2.5 万トン）などの利用を促進し，年間約 15 万トンある化学肥料の投入量を節約する必要があるかもしれません．欧州でも年間約 230 万トンのリン流入量の約 40％に相当する 92 万トンが農地に蓄積しており，欧州では 2019 年に，家畜糞尿（リンとして年間約 175 万トン）をより積極的に肥料利用することで，化学肥料の使用量を減らそうとする欧州肥料法の改正が行われました．

もちろん，農地へのリンの蓄積は日本や欧州に限った話ではありません．いま世界の農地に蓄積するリンの総量は，毎年約 1200 万トンにも上るようです．これは 1 年間に地下から掘り出されるリンの総量約 3400 万トンの約 35％にもなります．人間がリンを肥料として農地にまくことは，自然が長い年月をかけてリン鉱石にまで濃縮してくれたリンを，土壌に広く分散させることにほかありません．農地にリンが蓄積するといいましても，肥料をまくだけで土壌中のリンがリン鉱石にまで濃縮されることはありえませんから，農地の

表 6.2　日本における地上リン資源
家畜糞尿はすでに肥料に，食品廃棄物は家畜飼料や堆肥に多く使われています．

地上リン資源	発生量（万トン/年）
家畜糞尿	6.6
畜産副産物	6.8
農業廃棄物	2.9
食品廃棄物	8.5
し尿汚泥	0.6
下水汚泥	4.2
製鋼スラグ	11.4

土壌から薬品などを使ってリンを回収することは経済的に見てとても成り立つ話ではありません．リンが農作物に無駄なく利用されるような肥料の使い方については，すでに数多くの提案がなされていますが，実施するには労力やコストがかかることもあり，なかなか普及しないのが実情です．

バーチャルリン

海外から食料や飼料を日本国内に持ち込んで消費するということは，海外でその生産に投入されたリンを，食料や飼料に変えて輸入していると見ることができます．したがって，私たちは国内で肥料などとして消費したリンに加えて，輸入した食料と飼料を生産するために，海外でもリンを消費していることになります．2008 年を例にとりますと，日本は大豆，麦，トウモロコシをそれぞれ 371 万トン，578 万トンおよび 1646 万トン輸入しています．便宜的に，単位重量当たりの農作物の生産に必要なリン量（原単位といいます）を，海外と国内で同じであるとして計算をしてみますと，日本が輸入する大豆，麦，トウモロコシを生産するためには，それぞれ 6.4 万トン，13.5 万トンおよび 18 万トンのリンが必要であることがわかります．このリン量を P_2O_5 換算で 30% のリンを含むリン鉱石の量に換算しますと，約 366 万トンになります．

この年，日本が輸入したリン鉱石の量はおよそ 77 万トンでしたから，輸入農作物を生産するために必要なリン鉱石の量は，わが国が海外から輸入しているリン鉱石の量の実に 4.7 倍以上にもなります．わが国における単位重量当たりの農作物の生産に必要なリン量は，世界の平均よりもかなり多めですので，この計算結果は少し過大に見積もられている可能性はあります．しかし，わが国が海外から大量の農作物を輸入しているということは，多くのリン鉱石を海外で消費していることにほかなりません．

畜産物の場合は，1 頭の肉牛を飼育するには，トウモロコシ約 7.1 トン，サイレージ（サイロで発酵させた牧草）約 11.5 トン，大豆約 0.5 トンの，全部でおよそ 19.1 トンの飼料を必要とします．一頭の肉牛を飼育するための飼料の生産に必要となるリン量は，トウモロコシで 6.7 kg，サイレージで 1.3 kg，大豆で 7.8 kg の合計約 15.8 kg であると計算されます．2008 年におけるわが国の牛肉の輸入量は年間約 53 万トンでしたが，出荷時の肉牛 1 頭から約 290 kg の牛肉が得られるとすれば，この牛肉の生産に必要なリン量は，年間約 2.9 万トンになります．これを輸入農作物の場合と同様にリン鉱石に換算しますと，約 22 万トンになります．わが国はこの年，牛肉のほかにも豚肉，鶏肉など年間約 200 万トンを越える肉類を海外から輸入しています．豚肉や鶏肉を得るには，飼料作物の生産に必要なリン肥料に加えて，骨の成長を助けるために飼料に添加されるリン酸カルシウムも必要になります．計算の詳細は省略しますが，輸入農作物とともに輸入肉類の生産に必要なリン量をリン鉱石の量に換算しますと，全世界のリン鉱石の消費量の 5%近くを占めていたようです．この国外で使われたと考えられるリンをバーチャルリンと呼びます．バーチャル（virtual）とは仮想的とか擬似的という意味の英語です（松八重一代『リン資源枯渇危機とはなにか』第 5 章，大阪大学出版会，2011 年より（文献 4））．

7

地上リン資源の活用

地上リン資源からリンを回収して再利用する技術の開発では，日本が世界をリードしています．第7章では，日本で開発され実用化されたリン回収・再資源化技術のいくつかを紹介するとともに，わが国で開発が期待されている製鉄所における製鋼スラグからのリン回収技術についても説明します．

非晶質のケイ酸カルシウムを用いた簡便なリン回収装置

7.1 リンリファイナリー技術

世界で採掘されたリン鉱石の約85%は，農業用（肥料約80%および飼料添加物約5%）に使われています．それでも世界のリン消費量全体の約半分に過ぎないようです．残りの半分は，家畜糞尿やし尿などの地上リン資源（過去に掘り出されたリン）の活用と，岩石の風化など自然から供給されるリンでまかなわれています．地上リン資源の活用は，人間活動によるリンの流れを閉鎖循環系（可能な限り損失なく回り続ける流れ）にするために重要です．

人間活動によるリンの流れを閉鎖循環系にする技術は，リン回収・再資源化技術と呼ばれ，日本が世界をリードしている技術分野の一つです（図7.1）．これらの技術は，多様な地上リン資源からリンを効率よくリンを回収し，食料の生産やものつくりのために有効利用します．対象となる地上リン資源には，下

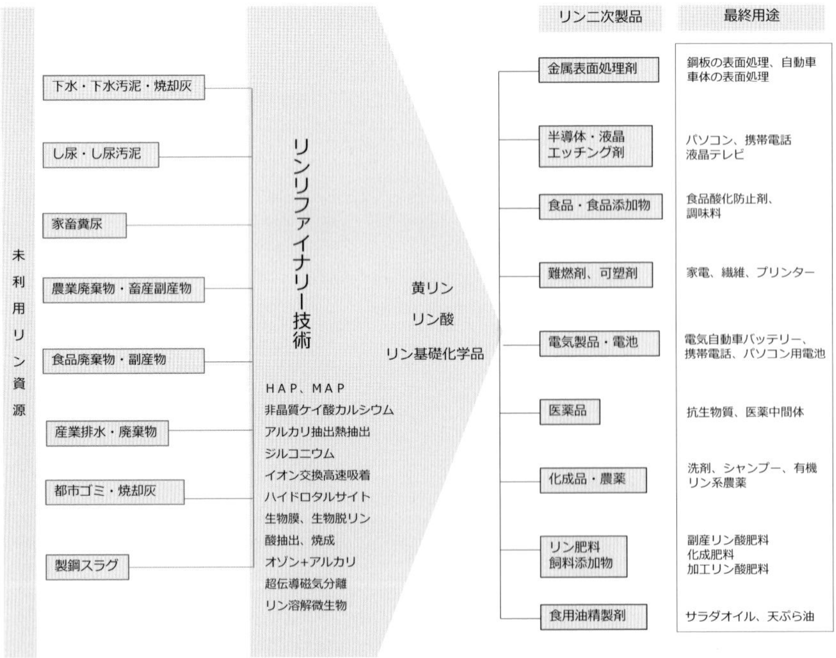

図7.1 地上リン資源を有効利用するためのリン回収・再資源化技術（リンリファイナリー技術）

水汚泥，下水汚泥焼却灰，家畜糞尿，食品廃棄物や製鉄所から出る製鋼スラグなどがあります．

世界ではすでに70基以上のプラントが地上リン資源からのリンを回収し再資源化するために稼動しています．そのほとんどは，欧州，北米または東アジア（日本および中国）にあります．また，これらのプラントの多くは2010年以降に稼動を開始していますが，これは2008年に発生したリンショックと関係があります．日本には現在，10基あまりのリン回収・再資源化プラントが稼動しています．日本の最初のリン回収プラントは1997年に福岡市の下水処理場で運転が開始されています．いまリン回収・再資源化技術の開発は，日本に限らず海外でも盛んに行われており，次々に新しい技術が登場してきています．これら技術の詳細については専門書（文献2や文献15）に譲り，ここでは下水および産業廃水などからのリン回収および下水汚泥焼却灰を原料の一部とするリン酸の製造技術の紹介と，日本国内で最大の地上リン資源である製鋼スラグからのリン回収に関する技術開発について紹介したいと思います．

7.2　下水汚泥からのリン回収

リンの回収・再資源化が最も進んでいるのは下水道の分野です．都市部では家庭や会社などの事業所などから出るリンを含んだ下水は，地下の下水管を通って下水処理場に集まってきます（図7.2）．下水処理場には，待っていればリンが続々とやってきます．日本の場合，下水処理場に流れ込むリン量は年間約5.4万トンあり，リン鉱石として輸入しているリン量（年間約4.7万トン）よりも大きく，化学肥料として農地にまかれるリン量（年間約15万トン）の約36%に相当します．世界では下水やし尿からリンを回収すれば，肥料としてのリン消費量の約5〜15%がまかなえるといわれています．

下水処理場では，下水に含まれる有機物を活性汚泥と呼ばれる微生物の集まりを使って処理しますが，その際に窒素やリンも除去されます．下水からのリンの除去には，ポリ塩化アルミニウムやポリ硫酸第二鉄などの薬品を添加してリンを凝集沈殿させる化学的な方法と，活性汚泥微生物にリンをリン酸のポリマー（ポリリン酸）として蓄積させて除去する生物学的な方法（生物学的脱リ

図 7.2　下水処理場で有機物を分解処理するための反応槽（曝気槽）

ン法といいます）とがあります．いずれの場合も，リンは下水から除去され活性汚泥中に移行します．リンを蓄積した活性汚泥は，その後脱水され焼却されますが，その前にメタン発酵（嫌気性汚泥消化といいます）を行って，メタンガスを回収するとともに，汚泥の発生量を減らすこともよく行われます．下水処理場では，リンはメタン発酵を行う場合は消化汚泥またはその脱水ろ液から，それ以外は脱水汚泥を焼却した後の灰から回収することができます．

下水処理場におけるリン回収のホットスポット

下水処理場には，リンの回収に適した箇所（ホットスポット）がおもに3つあり，それぞれに対応したリンの回収技術が開発されています（図 7.3）．第1のホットスポットは，下水からリンを除去した活性汚泥を，メタン発酵により消化し，膜などで固形分を分離して得られる液（消化汚泥脱離液といいます）が出るところです．ここでは，消化汚泥脱離液に水酸化マグネシウムを添加して，高い pH 条件下でリン酸マグネシウムアンモニウム（日本では MAP と呼んでいますが，海外ではリン安（mono ammonium phosphate）と区別するためスツルバイト（struvite）といいます）としてリンが回収されます．日本では，最初に福岡市や松江市の下水処理場で，この方式による MAP の回収

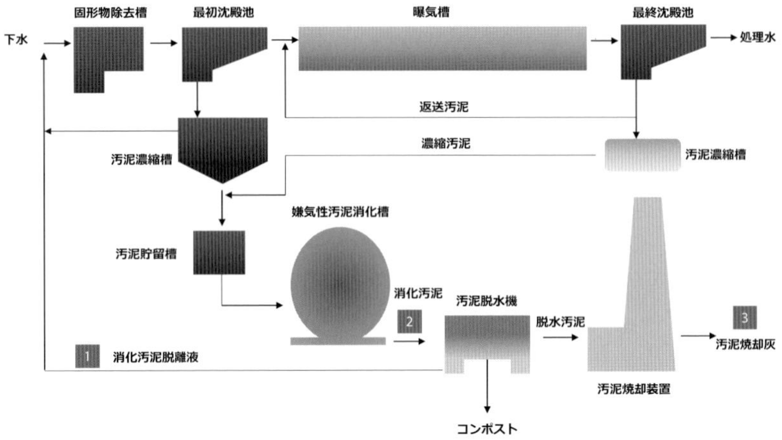

図 7.3　下水処理場におけるリン回収の 3 つのホットスポット

が行われています．

第 2 のホットスポットは，活性汚泥をメタン発酵する反応槽（嫌気性汚泥消化槽といいます）の出口です．メタン発酵後の消化汚泥そのものから MAP を回収する方が脱離液から回収するよりも多くの MAP が回収できます．日本では神戸市の東灘下水処理場に，この MAP 回収プラントがあります．第 3 のホットスポットは，脱水した活性汚泥の焼却装置の出口です．焼却後に残った灰を酸またはアルカリで処理することにより，灰からリンを溶出させてから水酸化カルシウムを加えて，カルシウムアパタイト（HAP といいます）として回収します．下水汚泥の焼却灰には，P_2O_5 として約 30%以上も含むものがあり，下水汚泥焼却灰は地下資源であるリン鉱石を代替する地上資源として注目されています．

下水汚泥焼却灰を酸（おもに塩酸または硫酸）で処理しますと，ほとんどのリンが回収できますが，焼却灰に有害な重金属（カドミウム，水銀や鉛など）が含まれている場合，これらの重金属も一緒に溶出してしまいます．このため，日本の岐阜市や鳥取市では，下水汚泥の焼却灰をアルカリ（水酸化ナトリウム）で処理してリンを回収しています．アルカリによる処理では，リン酸アルミニウムはよく溶けますが，鉄やカルシウムなどと結合したリン酸は溶出しませんので，リンの回収率は約 30～40%に留まります．それでも，リン回収物が重金属で汚染されることを避けることができます．

なお，下水からのリン回収においては，回収したリンの品質（リンの含有率が高く不純物が少ないこと）とコストが重要です．たとえリンを効率よく回収できても，品質が悪かったり回収のコストが高すぎれば，せっかく回収したリンも引き取り手が見つからずに行き場がなくなります．したがって，下水からリンを回収する技術には，リンを除去するだけの技術よりも，先のことを考えなければならない分だけ求められる条件が厳しくなります．

下水からのリンの除去は，もともとリンが湖沼や内湾など閉鎖性の強い水域に流れ込んで，富栄養化と呼ばれる環境汚染を引き起こすことを防止するために行われてきました．しかし，下水からのリン除去を開始したいくつかの下水処理場では，リンを多く含んだ汚泥をメタン発酵にかけた時に，汚泥から溶け出すリンが原因となりパイプなどが詰まる厄介な問題が発生しました（図7.4）．また，リンを多く含んだ下水汚泥を焼却すると，リンが焼却炉のガスの出口などに沈着して，やはりパイプが詰まるなどの被害も報告されるようになりました．したがって，下水汚泥からリンを回収することは，これらの問題の発生を防止するうえでも効果があります．欧州の例では，下水からのリン回収のコストは，リンによりパイプなどが詰まることを防止するために必要な薬剤費が不要になることなどの副次的な効果を考慮すれば，下水処理のサービスを受ける人口一人当たり年間3ユーロ（約400円）以下に収まるようです．

下水汚泥からのリンの回収は，セメント産業においてもメリットがありま

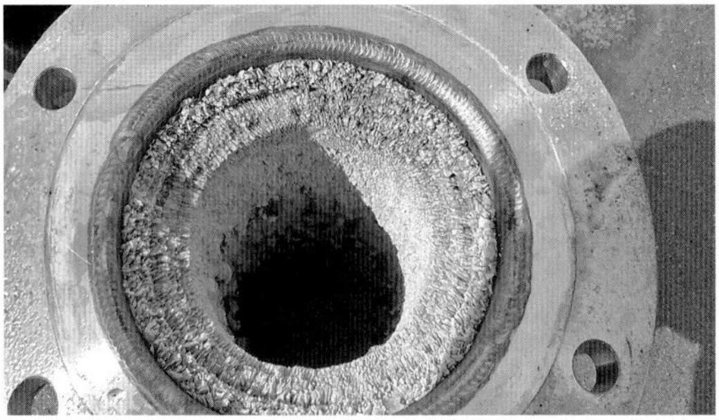

図7.4　下水処理場の配管の内側に付着成長したリン酸マグネシウムアンモニウムの結晶

す．セメント産業では，下水汚泥やその焼却灰をセメントの原料の一部として受け入れてきましたが，リンが多すぎるとセメントが固まりにくくなるなどの問題が発生します．これは，セメントに含まれるリン酸が多くなると，リン酸がセメントの中のカルシウムと反応することにより，セメントが固まるために必要なケイ酸カルシウムと水の反応（水和反応）による結晶の成長を妨げるためのようです．したがって，セメント産業にとって，リンを多く含む下水汚泥や焼却灰の受け入れは，セメント原料中のリンの含有率を増加させるため，できるだけ避けなければなりません．しかし，セメント産業が，下水汚泥や焼却灰の受け入れをストップしてしまいますと，日本の静脈産業（リサイクル産業）は回らなくなってしまいます．したがって，下水処理場において下水汚泥やその焼却灰からリンを引き抜くことは，下水汚泥や焼却灰の資源としての利用にとっても大きな意味をもちます（図 7.5）．

回収されたリンは，肥料やリン酸などとして利用されて初めて価値を生みます．再利用に必要な品質をよく理解せずにリンを回収してしまいますと，再利用が困難になりかねませんので注意する必要があります．回収リンを肥料の原料として利用するためには，品質が日本の肥料取締法が定める条件（公定規格）を満たす必要があります．例えば，回収したリンが加工りん酸肥料（肥料の公定規格などではリンはひらがなになります）という品目の肥料の原料として認められるためには，加工りん酸肥料の原料として認められている副産りん酸肥

図 7.5　下水汚泥焼却灰から回収されたカルシウムアパタイト（岐阜市北部プラント）（岐阜市提供）

料（混乱しやすいところですが，この場合肥料が肥料の原料になります）としての公定規格を満たしていなければなりません（図7.6）．回収リンに汚泥の屑が多く混ざると，副産りん酸肥料としては登録できず汚泥肥料に分類され，加工りん酸肥料の原料にはなりません．また，窒素（N）とカリウム（K_2O）のいずれかが1%以上含まれますと複合肥料に分類されますので，この場合も加工りん酸肥料の原料にはなりません．また，回収リンを肥料原料とした場合に，最終製品の色，においや造粒性（粒状に加工しやすいかどうか）などに与える影響なども重要です．もちろん，回収リンが副産りん酸肥料の公定規格を満たさない場合でも，複合肥料や汚泥肥料として利用することは可能です．しかしその場合は，回収リンを用いて製造した複合肥料や汚泥肥料に，どの程度の商品価値が認められるかどうかが重要になります（橋本光史，文献4）．

酸性の火山灰土壌の多いわが国の農耕地では，リンは土壌中の鉄やアルミニウムなどにより吸着されて，不活性化されやすいようです．窒素成分は堆肥（コンポスト）などでも供給できますが，コンポストではリンが足りません．

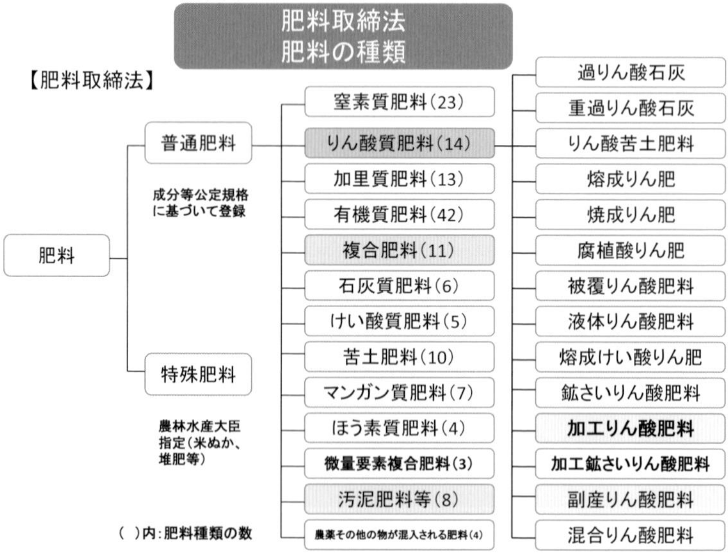

図7.6　日本の肥料取締法における肥料の分類とりん酸質肥料の種類
橋本光史『リン資源枯渇危機とはなにか』大阪大学出版会（2011年）（文献4）より

肥料中のリンの形態には，水溶性と「く溶性」(2%のクエン酸に溶解可能なリン）があります．水溶性のリンは，植物により容易に吸収されますが，土壌中に吸着されて不活性化されやすいという欠点があります．一方，く溶性のリンは緩効性のリンと呼ばれ，植物の根から分泌される酸などにより溶解されて初めて利用されるという特徴があります．く溶性のリンには，水溶性のリンよりも土壌に吸着されにくいという長所があります．回収リンを使って製造した肥料の有効性（肥効といいます）は，実際の農地で検証しなければなりません．農地で肥効の試験を行う場合，土壌の性質や栽培する植物の種類などによって，試験の結果がかなり変わりますので，試験結果を解釈する際に注意が必要です．なお，回収リンに多少の有機物が含まれている場合，この有機物が思いのほか，肥効を高めることも知られています（橋本光史，文献 4）．

小説『レ・ミゼラブル』

フランスのヴィクトル・ユーゴー（V. M. Hugo）が書いた有名な小説『レ・ミゼラブル』に，下水からのリンの回収を示唆するくだりがあることをご存知でしょうか？

「科学は長い探究の後，およそ肥料中最も豊かな最も有効なのは人間から出る肥料であることを，今日認めている．（途中略）大都市は排泄物をつくるのに最も偉大なものである．都市を用いて平野を肥やすならば，たしかに成功をもたらすだろう．（途中略）われわれの出す肥料は黄金である．この肥料の黄金を人はどうしているか？ 深淵のうちに掃き捨てているのである．多くの船隊は莫大な費用をかけて，海燕やペンギンの糞を採りに，南極地方へ送り出される．しかるに手もとにある無限の資料は海に捨てられている．世間が失っている人間や動物から出るあらゆる肥料を，水に投じないで土地に与えるならば，それは世界を養うに足りるであろう（岩波文庫『レ・ミゼラブル』第 4 巻第 2 編「海のために痩する土地」).

ユーゴーが，小説『レ・ミゼラブル』を世に出したのは，1862 年のことです．あれからもう約 160 年の歳月が経ちましたが，今日でもこの状況はあまり変わっていません．わが国を含めて多くの先進国は，莫大な費用をかけて世界の彼方此方からリン資源を輸入しています．しかし，これから世界のリン事情は次第に厳しくなっていくことが予想されます．やがて，いくら莫大な費用をかけてもリンを取りに行くところそのものが，なくなってしまうかもしれません．やはりユーゴーが示唆したように，下水に含まれる貴重なリンを海に捨てるのではなく，回収してリサイクルすることを，本格的に考えなければならない時期にきているように思われます．

7.3 産業廃水等からのリン回収

さまざまな産業分野において，廃水からリンの回収が行われています．詳細は文献2に譲り，ここでは代表的なものをいくつか紹介しましょう．

① サラダオイルなどの食用油の原料は，大豆や菜種《なたね》などの油脂を多く含んだ植物の種子を，機械を用いて絞ることで得られます（図7.7）．絞りかすに残った油は，*n*-ヘキサンという有機溶剤を使ってさらに抽出します．溶剤は抽出した油を真空蒸留して，油と分離して回収されます．日本の消費者は，ごま油などの一部の食用油を除いて，色もにおいもほとんどない製品を好みますので，食用油を精製するプロセスでは，徹底して不純物を取り除くことになります．例えば，リン脂質という成分がカルシウムイオンやマグネシウムイオンなどと結合した不純物は，高純度の75％リン酸を油に重量比で0.04～0.12％ほど添加して，リン脂質と結合しているカルシウムやマグネシウムなどのイオンを解離させ，水に溶けるリン脂質として取り除かれます．したがって，食用油精製プロセスから出る排水には，高い濃度のリン酸が含まれています．植物油を中心に食品の素材を提供しているJ-オイルミルズでは，このリン酸を水酸化カルシウムを添加して，リン酸カルシウムとして回収しています．回収した沈殿物には乾燥重量基準でリン酸（P_2O_5）が30％以上含まれており，リン酸肥料として販売されます．食用油の製造プロセスでは人体に有害な薬品は使われませんので，その排水から回収したリンは，品質のよい肥料の原料になります（文献16）．

② 一方，わが国は微生物や酵素を使って，アミノ酸や抗生物質などを製造する発酵産業が盛んです．微生物を培養して有用物質を生産させるためには，リン酸を多く含む培養液（約 2 g P/リットル）が使われます．また核酸などの生産には，ピロリン酸（リン酸の分子が2つ結合したもの）などが原料の一つとして使われます．発酵プロセスで残ったリン酸は，工場の排水に含まれることになります．山口県防府市にある協和発酵バイオの山口事業所では，発酵工場の排水に含まれているリン酸を，水酸化カルシウムを添加して沈殿させてアパタイト（HAP）として回収しています（図 7.8）．

回収物には，P_2O_5 が乾燥重量基準で約 30％と，リン鉱石にも匹敵する高い含有率で含まれています．一般に，発酵産業から出る排水も，生物に有害な物質を含んでいませんので，回収リンはそのまま肥料などに利用できます（文献 17）．

③ 神奈川県川崎市にある日本合成アルコールは，高温および高圧下でエチレンガスを水と反応させてエタノールを合成しています．このエタノール合成反応の触媒はリン酸です．合成されたエタノールは蒸留により回収しますが，排水にはリン酸が含まれています．日本合成アルコールでは，この工場排水からリン酸を水酸化カルシウムを添加して HAP として回収しています．この回収物にはリンが乾燥重量当たり約 18％（P_2O_5 で 41％）も含まれており，副産りん酸肥料として有効活用しています．リンは工場排水から除去しなければなりませんが，除去後の沈殿物であるスラッジの処理には経費がかかります．日本合成アルコールでは，沈殿物を肥料原料として有効活用することで，スラッジの処理費にかかる費用を節約できるばかり

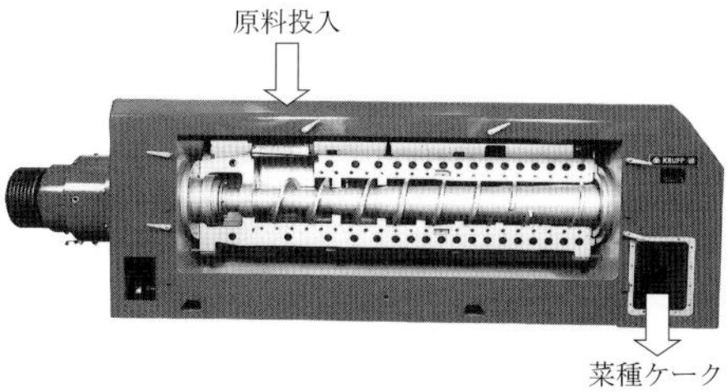

図 7.7　大豆や菜種などから油分を搾り出す圧搾装置（鈴木秀男，文献 16）

図 7.8　協和発酵バイオの山口事業所で回収された HAP

か，貴重な地上リン資源を提供することに成功しています．

④ 鶏糞とくに肉鶏（ブロイラー）の糞は，発電のためのよい燃料になります．例えば，宮崎県のみやざきバイオマスリサイクルでは，年間約13万トンの鶏糞を燃料に発電を行い約7千万kWhの電力を作り出しています（図7.9）．焼却後に残る灰には，P_2O_4で約20％のリンやK_2O換算で17％のカリウムなどが含まれており，よい肥料原料になります．また，岩手県にある十文字チキンカンパニーでも，自社の養鶏場から出る年間約13万トンの鶏糞を焼却して発電を行っています．この場合も，焼却灰にはリンがP_2O_5換算で約24％，カリウムがK_2O換算で約25％含まれており，肥料原料として有効利用されています．日本国内にはほかにも4基の鶏糞発電施設が稼動しており，すべて合わせてP_2O_5換算で年間約1万トンのリンがリサイクルされているようです．

⑤ 家庭などに設置されている消火器には粉末の消火剤が封入されていますが，その耐用年数（交換せずに使用できる年数）は約10年程度です．粉末消火剤の主成分は肥料によく使われるリン酸アンモニウムですので，古くなった消火剤は肥料としてリサイクルすることができます．福岡県久留米市にある兼定興産では，耐用年数の過ぎた消火剤を回収して，兼定NP1号という名前の肥料としてリサイクルしています．粉末消火剤は，保管中に外部からの湿気を吸って固まるのを防ぐためシリコンでコーティングされており，そのままでは肥料としては使えません．このため兼定興産では，粉末

図7.9 宮崎県のみやざきバイオマスリサイクルの鶏糞発電所

消火剤を加圧処理することで水に溶けやすくする技術を開発して肥料への利用を可能にしました．兼定NP1号には肥料成分としてリンがP_2O_5として24%含まれているようです．

⑥ 下水道が普及していない地域では，し尿や浄化槽（し尿を含む生活排水を処理して下水道以外に放流するための施設）で発生する汚泥を，バキュームカーなどで集めて処理するし尿処理施設があります．し尿処理施設では，し尿や浄化槽汚泥を下水処理場と同様に活性汚泥により生物処理しますが，生物処理の前または後でリンの回収が行われることがあります．例えば，秋田県の仙北市にある汚泥再生処理センターでは，年間約1.5万トンのし尿および浄化槽汚泥（浄化槽汚泥の方が約46%）を集めて処理を行っていますが，有機物と窒素を除去した後で，塩化カルシウムを添加してリンを回収しています（図7.10）．このほかにも，し尿処理施設の中には，MAPとしてリンを回収している施設もあり，2015年までに全国で13のし尿処理場でリンの回収が行われています．

⑦ 半導体の製造のためのエッチングと呼ばれる工程から出る廃液には，リン酸（P_2O_5）が60～80%も含まれているものがあります．愛知県の刈谷市にある三和油化工業では，エッチング廃液からリン酸を有機溶媒で抽出して回収するプロセスを開発しました．トリ-2-エチルヘキシル-リン酸(TOP)という薬品が，選択的にリン酸に結合して，リン酸を水相から有機溶媒相（飽和炭化水素（C_6-C_{13}））へ移動させます．三和油化工業では，年間約4000トンのリン酸液を再生し，P_2O_5濃度が85%の精製品も販売しているそうです．

図7.10　秋田県仙北市の汚泥再生処理センターにあるリン回収装置

北米のリン回収事業

2005年にカナダで設立された Ostara Nutrient Recovery Technologies 社（以下 Ostara 社）は，下水処理場の消化汚泥からリンを MAP として回収するプロセス（Pearl プロセス）を実用化し，2009年以降北米を中心に業績を伸ばしています．Ostara 社の Pearl プロセスは，2016年までに北米に11および欧州に3の合計14の下水処理場に導入されています．しかも，その約半数は2015年および2016年に導入されており，とくに2016年5月に米国シカゴ市の下水処理場（処理人口240万人）に導入された MAP 回収装置は，年間約1万〜1.5万トンの MAP（商品名 Crystal Green）を回収できる世界最大の規模を誇っています．Ostara 社のビジネスモデルは，① Ostara 社がリン回収のプラントの建設と運転を行い，その費用を自治体から受け取る場合と，② Ostara 社から有料で技術提供を受けた自治体がプラントの建設と運転を行う場合の2通りがあります．いずれの場合も，Ostara 社と自治体は Crystal Green の販売による収益を分配することになります．世界最大規模のプラントが導入されたシカゴ市の場合をみてみますと，シカゴ市がプラントの建設に必要な経費約3000〜3500万米ドル（約33〜40億円）を負担し，Ostara 社は約2〜3週間程度の間隔で，Crystal Green をトン当たり約400ドル（約4.5万円）でシカゴ市より買い取ります．これによりシカゴ市は，年間約250万ドル（約2.8億円）の収益を得て，プラントの運転と管理にかかる出費をまかないます．

北米の地下水にはマグネシウムイオン（Mg^{2+}）が，比較的多く溶け込んでいるため，多くの下水処理場は MAP による配管などの閉塞障害に悩まされています．シカゴの下水処理場においても，MAP による配管閉塞障害の防止などに，年間約800〜900万ドルの薬品費（おもに塩化鉄）がかかっており，Pearl プロセスの運転と管理にかかわる経費が Crystal Green の販売でまかなえれば，プラントの建設費も薬品代の節約で約3〜5年で回収できるといわれています．

北米における Ostara 社のリン回収ビジネスが拡大している背景には，①地下水または脱臭剤（$Mg(OH)_2$）由来のマグネシウムが MAP による配管などの閉塞障害を引き起こしやすいこと，②周辺海域で深刻化する富栄養化問題

（例えば，ミシシッピ川が流れ込むメキシコ湾では，夏季にルイジアナやテキサス州沖に 7000 平方マイル（約 1.8 万 km^2）を超える貧酸素水域が発生）への対策のための厳しいリンの排水規制（1 mg P/リットル以下，ジョージア州など厳しいところでは夏季に 0.08 mg P/リットル以下），③リンを多く含む下水処理汚泥の農地還元による農地へのリンの過剰蓄積，④世界的なリン資源枯渇問題への危機意識の高まりや ⑤下水処理場の役割が排水処理に留まらず資源回収へ拡大してきたことなどがあります．Ostara 社は現在，世界で年間約 1700 トンの Crystal Green（純度 99.6%）を買い取り，自社のもつネットワークを利用して，芝生，園芸および農業用に遅効性の化成肥料として販売しています．今後は，アジアにもビジネスチャンスがあると考えているようです．Ostara 社はまた，Pearl プロセスを下水よりも約 20 倍も多くリンを含む家畜糞尿からのリン回収にも展開することを計画しています．

7.4　下水汚泥焼却灰からのリン酸製造

リン鉱石からリン酸を製造する方法には，大きく分けて乾式法と湿式法の 2 つがあります（図 7.11）．乾式法は電気炉を用いて黄リンを製造し，次に黄リ

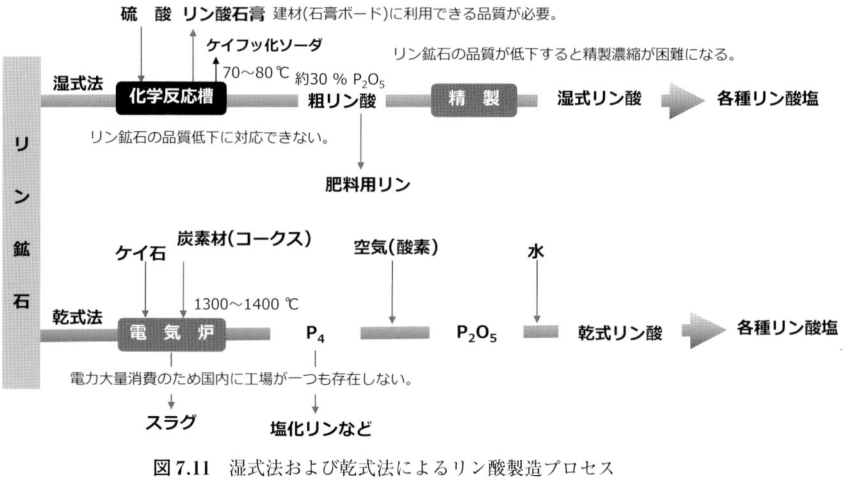

図 7.11　湿式法および乾式法によるリン酸製造プロセス

ンを空気酸化してリン酸（乾式リン酸）にします．乾式法では純度の高いリン酸が得られますので，おもに工業用の原料となるリン酸の製造に用いられています．しかし，乾式法では生産コスト（約半分が電気代）が割高になるため，肥料用には湿式法で製造されたリン酸（湿式リン酸）が使われています．乾式リン酸の製造コストは，湿式リン酸の約2倍になるようです．このため世界では，リン酸の約74%が湿式法で生産されているようです．

湿式法では，細かく破砕したリン鉱石に硫酸を加えて温度約70～80℃で分解し，リン酸液，副産物の石膏（$CaSO_4$）およびケイフッ化ソーダ（Na_2SiF_6）などが製造されます．反応液をろ過することで得られた粗リン酸液（約30% P_2O_5）にアンモニアを加えることで，リン安（リン酸アンモニウム）が製造されます．副産物の石膏は，建材用のボードやセメントの原料に，ケイフッ化ソーダは氷晶石として，アルミニウム製錬のための融点降下剤などとして利用されています．しかし，最近は安価な脱硫石膏の流通や氷晶石需要の低下により，これら副産物の売り上げが低迷気味です．その一方で，輸入リン鉱石の価格は値上がりしているため，わが国のリン酸産業の経営は厳しい状況にあります．湿式法により製造されるリン酸の品質は，原料となるリン鉱石の品質に直接依存します．湿式法では，リン鉱石中の鉄，アルミニウムやマグネシウムなどの不純物の含有率が高いと，リン酸の抽出と精製が難しくなります．したがって，現在の湿式法では，リン鉱石の品位低下に対応しにくく，今後さらにリン鉱石の品質の低下が続けば，国内での湿式法によるリン酸の製造は，技術的にも困難になることが懸念されます．

一方，米国で開発されたリン酸製造の技術に改良ハードプロセス（Improved Hard Process, IHP）があります．この技術は，低品位のリン鉱石からリン酸を製造する技術として開発されたものです．リン含有率の低いリン鉱石にコークスとケイ砂を混ぜ，キルン（回転窯）の中で約1200～1300℃に加熱して，リン酸を炭素で還元した後に発生するP_2ガスを空気酸化して純度の高いリン酸として回収するものです．その反応式は以下のようです．

$$2P_2 + 5O_2 \rightarrow 2P_2O_5 \quad (\text{発熱量 } 1567\,\text{kJ/mol } P_2)$$

$$P_2O_5 + 3H_2O \rightarrow 2H_3PO_4 \quad (\text{発熱量 } 1373\,\text{kJ/mol } P_2)$$

IHP法は硫酸を使用しませんので，厄介なリン酸石膏が出ません．また，P_2

ガスが空気酸化される反応と，精製した五酸化二リンが水添されてリン酸液になる反応が，いずれも発熱反応になりますので，加熱に電力を使用しても，電力の消費量は1トンのP_2O_5を生産するのに約400 kWhで済むようです．欧州ではいま，IHPプロセスをさらに改良して，黄リンを製造するための研究も行われています．

前にも述べましたが，下水汚泥の焼却灰にはリン鉱石に匹敵するほどのリンが含まれていることがあります．わが国のリン酸製造会社の一つである日本燐酸では，輸入リン鉱石の一部を下水汚泥の焼却灰で置き換えて，リン酸および石膏を製造しています．下水汚泥焼却灰だけを原料にしますと，鉛，アルミニウム，鉄などの不純物が多くなり，製品のリン酸および石膏の品質が悪くなりかねませんので，原料リン鉱石の一部だけ（最大約2.5%）を下水汚泥焼却灰で置き換えて使っています．それでも，下水汚泥焼却灰が国内の下水処理場から安価にかつ豊富に入手できますので，原料としての輸入リン鉱石の使用量を減らすことができ，それだけ原料費の節約になります．

下水汚泥焼却灰を用いたリン酸および石膏の製造プロセスの概要を図7.12に示します．下水処理場から車でリン酸製造工場に運ばれた下水汚泥焼却灰は，細かく粉砕されたリン鉱石と重量比率で約2%の割合で混ぜられます．こ

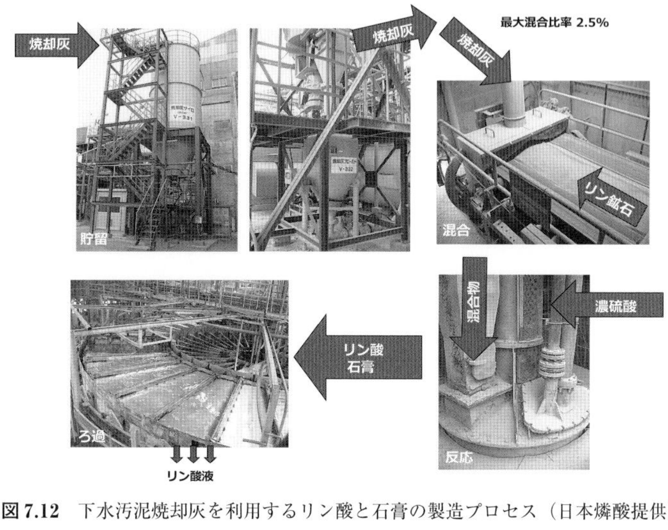

図7.12　下水汚泥焼却灰を利用するリン酸と石膏の製造プロセス（日本燐酸提供）

の混合物に濃硫酸を加えて分解し，ろ過によりリン酸を副産物の石膏から分離します．リン鉱石にはフッ素も含まれていますが，フッ素はフッ化ケイ素（SiF_4）やフッ酸（HF）などとして取り除かれます．こうして製造されるリン酸の濃度は P_2O_5 で30％程度で，リン鉱石由来の金属成分などの不純物も多少含まれますので，多くは肥料原料として使用されます．工業用に使用できるリン酸を得るためには，さらに有機溶媒でリン酸を抽出するなどして精製し，約75％リン酸液まで濃縮する必要があります．いまのところ，原料に添加される下水汚泥焼却灰の割合はわずかですが，今後は輸入リン鉱石をまったく使わずに，下水汚泥焼却灰だけを原料にしてリン酸を製造できる技術の開発に大きな期待が寄せられています．

欧州での技術開発

下水汚泥焼却灰を原料の一部とするリン酸の製造については，いま欧州でも新しい技術の開発が盛んに行われています．その背景には，世界的なリン鉱石の品質低下により，下水汚泥焼却灰をリン鉱石の代替原料として利用することが，現実的な意味をもつようになってきたことがあります．例えば，リン含有率の低いリン鉱石や下水汚泥焼却灰などを原料に，リン酸や過リン酸石灰などを含むリン製品を製造できる Ecophos プロセスの開発に注目が集まっています（文献 15）．

このプロセスは，地上リン資源を原料にできるだけ廃棄物を出さずに，リン製品を製造することを目指しています．原料を塩酸で処理してリン酸を抽出しますが，それに伴い溶脱する重金属類は，陽イオン交換樹脂により除去します．下水処理場で下水からのリン除去に使用した鉄やアルミニウムなども，陽イオン交換樹脂を使い回収し再利用します．さらに，塩酸もまたリサイクルすることでコストの削減を図っています．

欧州ではほかにも，下水汚泥焼却灰をリン酸で処理して（リン酸を塩酸の代わりに使います），リンを回収する REMONDIS 社の Tetraphos プロセスなども開発されており，この場合も酸により溶脱する重金属は陽イオン交換樹脂により除去されます．欧州では，イオン交換樹脂の利用によるコスト増は，あまり問題とされていないようです．

また，スイス・チューリッヒ市の下水処理場では，スペインの Técnicas Reunidas 社と共同して，下水汚泥焼却灰からリン酸を回収するための Phos-4life プロセスの開発が行われています．現在，パイロット試験も無事終了し，実機プラント建設と運転のためのコストの試算などが行われています．Phos-4life プロセスによるリン酸の回収を行った場合，下水処理場における汚泥処理費の約 2 割に相当する費用が新たに必要となり，乾燥汚泥 1 トン当たりのリン酸の回収コストは，7700 円程度と見積もられています．一方，欧州最大の肥料メーカーの ICL Fertilizer Europe 社は，下水汚泥焼却灰から黄リンを製造できる Recophos プロセスを SGL Carbon 社より買収し，欧州と米国に 4 つのフルプラントを建設すると発表しています．

7.5　製鋼スラグからのリン回収

鉄は，鉄鉱石（主成分は酸化鉄），石灰（CaO）およびコークス（石炭を蒸し焼きにし，燃料として炭素分だけを残したもの）を混ぜて焼き固めた原料を，高温の溶鉱炉（高炉と呼びます）で溶かし，鉄鉱石中の酸化鉄を還元してつくります．高炉から出てきた溶けた鉄（溶銑《ようせん》）には，まだ炭素などの不純物が多く含まれていますので，これを転炉（脱炭炉）で酸化して取り除き，鋼《はがね》を製造します．高炉から出た溶銑を転炉に運ぶトーピードカーの中で，炭素以外の不純物（リン，硫黄やケイ素）を除くプロセスもあります（図 7.13）．

溶銑の原料である鉄鉱石，石炭や石灰石にはリンがリン酸塩として含まれていますが，リンは鋼を低温で脆くしたり，ひび割れを誘発したりするため，溶銑から鋼をつくる工程（製鋼）で取り除かなければなりません．高炉では，原料に含まれていたほぼすべてのリンが溶銑に移行します．すなわち，酸化鉄とともにリン酸塩も還元され，生成したリンは溶銑と合金化します．溶銑中のリン濃度は重量比で約 0.1％から 0.2％ですが，それでも鋼の品質に要求される濃度より一桁高いレベルです．このため，溶銑に酸素や酸化鉄を石灰と一緒に吹き込んでリンを酸化してリン酸に戻し（リンは鉄よりはるかに酸化されやすい

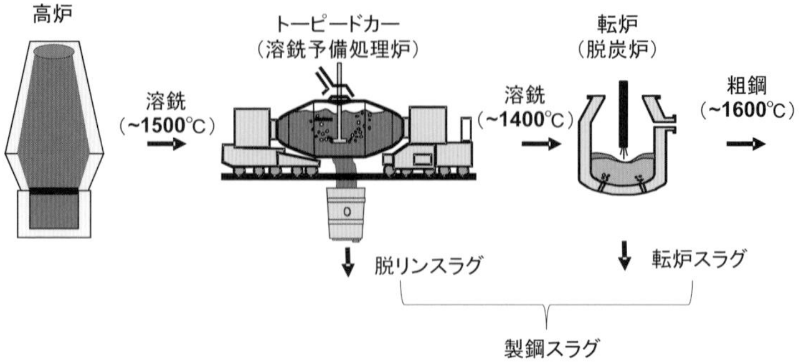

図 7.13　高炉・転炉法による製鋼プロセスの流れ図（長坂徹也，文献 4 より）

のです），石灰と結合させて鉄よりも比重の軽いスラグ（製鋼工程でできるので製鋼スラグといいます）として溶銑から分離します．

溶銑からリンを取り除いた時にできる製鋼スラグには，リンが重量基準で 2〜3% も含まれており，これを脱リンスラグと呼んでいます．わが国は粗鋼の生産量で世界第 2 位を誇っており，製鋼工程で副産物として出る製鋼スラグは年間 1200 万トンも発生しています．製鋼スラグは，その膨大な量（鋼 1 トン当たり約 0.1 トン発生）ゆえに，排出の削減が強く求められており，製鋼スラグの発生量を削減したり再利用するための技術の開発が盛んに行われています．中でも，溶銑からリンを取り除いた時にできる脱リンスラグから，さらにリンを分離回収する技術に注目が集まっています（長坂徹也，文献 4）．

鉄とリン

1912 年 4 月 15 日イギリスの豪華客船タイタニック号は，氷山に衝突し沈没しました（図 7.14）．乗組員も含め 1500 人以上が亡くなり，当時としては世界最大の海難事故でした．タイタニック号が沈没した理由には，多くの要因が複合的に関係したようですが，その一つに船体に使用されていた鋼材の品質がよくなかったことが挙げられています．事故後，70 年以上過ぎた 1985 年に，水深約 3900 m の海底から船体の一部が引き上げられ，使われていた鋼材が調

図 7.14　タイタニック号の沈没（Willy Stöwer 画）

べられています．

分析の結果，現在使用されている鋼材と比べて，リンが約 4 倍，硫黄が約 2 倍も多く含まれていることがわかりました．当時の精錬技術では，リンや硫黄を十分に除去できなかったようです．このため，多く含まれていたリンが船体に亀裂を発生させ，硫黄が亀裂の拡大を助けた可能性が指摘されています．鋼材にリンや硫黄が多く含まれると，鋼材が低温で脆くなりますので，タイタニック号は氷山と衝突して，船体に穴が開き沈没したようです．

昔からリンは，鋼《はがね》づくりでは厄介者でした．鉄鉱石の中に存在するリンは鉄製品の機械的な強度を弱くするため，取り除く必要がありました．古来より行われている鍛冶《かじ》と呼ばれる工程では，高温に熱した鉄をたたき（鍛造《たんぞう》といいます），ケイ素やリンなどの不純物を絞り出します．

日本では，古来から「たたら製鉄」という鉄づくりが知られています．とくに島根県奥出雲地方では，いまから約 1400 年も昔から，日本独自の砂鉄を原料とする「たたら製鉄」が行われていました．島根県奥出雲地方には，リン含有量の非常に少ない砂鉄の原石があり，この地方で砂鉄産業が盛んになった理由のひとつであるといわれています．

一方，海水中で鉄は，酸化的な環境では Fe^{3+}（強酸性の pH 以外では Fe^{3+} は酸化水酸化鉄 FeO(OH) で存在）になり，還元型の環境では Fe^{2+} で存在します．Fe^{3+} はリン酸との結合力が強く不溶性の沈殿物を形成しますが，海水中のように硫酸イオン（SO_4^{2-}）が共存する環境では，Fe^{2+} とリン酸の結合はあまり強くありません．このため，空気中から酸素が溶け込む海の表層付近では，Fe^{3+} がリン酸と結合して不溶性の沈殿物をつくり海底へ沈みますが，酸素が届きにくい海底では逆に Fe^{3+} が Fe^{2+} に還元されて Fe^{2+} とリン酸が海水中へ戻されます．46 億年の地球の歴史においては，この酸素と鉄とリンの微妙なバランスが，海洋における生物の生産量を制限し，生物の進化や大量絶滅などにも関係したようです．

脱リンスラグからリンを分離することができれば，残りの鉄を製鋼の原料の一部として高炉に戻したり，溶銑の脱リンに使われる石灰などの代わりに使うことが可能になるかもしれません．製鋼スラグの生産量は非常に大きく，製鉄所では製鋼スラグの置き場を確保することにも苦労するようになってきています．脱リンスラグからのリン回収は，製鋼スラグの再資源化に道を拓くとともに，製鋼スラグの保管量を減らすことにもつながる可能性があります．溶銑中に重量比で約 0.1～0.2％含まれていたリンは，脱リン工程を経て 0.01～0.02％程度まで減少します．わが国の年間の粗鋼の生産量は約 1 億トンですので，脱リン工程で重量比で約 0.1％のリンが除去されたとしても，年間約 10 万トンものリンが脱リンスラグに移行することになります．したがって，もし脱リンスラグからリンを分離回収することができれば，わが国において最大の地上リン資源になると考えられます．

現在，日本で検討が行われている脱リンスラグからのリンの分離回収技術では，脱リンスラグ中のリン酸カルシウムを高温でコークスで還元し，再びリン原子として鉄原子に結合させ，この鉄とリンの合金をそれ以外のもの（これもスラグといいます）から比重の違いを利用して分離します．このスラグはリンをほとんど含まず，炭素やカルシウムやケイ酸を含みますので高炉や脱リンプロセスに戻します．次に，溶けた状態の鉄に空気（酸素）を吹き込むと，リン原子は再び酸化されてリン酸に戻り，カルシウムが存在すると比重の軽いリン酸カルシウムとなり鉄と分離できます．もちろん，リンが除かれた鉄は鋼の製造プロセスへ戻され，リン酸カルシウムは肥料原料になります．

いまのところ，製鋼スラグからのリン回収には，処理コストを含めてまだいくつかの課題が残されており，実用化には至っていません．しかし，世界で取り引きされる鉄鉱石の量は年間 10 億トン以上と膨大であり，これらは製鋼を目的として流通していますので，鉄鉱石中のリンはいずれ脱リンスラグに濃縮される運命にあります（長坂徹也，文献 4）.

製鉄と肥料

前にも述べましたが，高炉から出る溶鉄には，まだ炭素などの不純物が多く含まれていますので，これを転炉などで取り除いて鋼を製造します．19 世紀末に英国で開発されたトーマス転炉は，炉材にカルシウムやマグネシウムが含まれているため，溶銑のリンを効率よくスラグに移行させることが可能でした．このため，リン含有率の高い鉄鉱石でも原料に使えたため，この製鋼法で副生するスラグにはリンが P_2O_5 換算で 15～20%も含まれていました．このスラグには酸化カルシウムも 40～50%含まれており，酸性の土壌を中和する能力も兼ね備えた「トーマスリン肥」として重宝されました．しかし，20 世紀中頃に，空気の代わりに高圧の純酸素を溶銑に吹き込む LD（Linz-Donawitz）転炉が普及することにより，トーマス転炉は使われなくなり，トーマスリン肥も約 70 年ほどでほとんど製造されなくなりました．

LD 転炉から出るスラグのリン含有率は P_2O_5 換算で 1～3%しかありませんので，このままではリン肥料にはなりません．しかし，高炉に戻すにはリン含有率が高すぎます．それでもカルシウム（CaO），シリカ（SiO）やマグネシウム（MgO）を多く含んでいますので，酸性土壌の改良材やケイ酸質肥料としての利用がなされてきました．しかし，最近欧州では製鋼スラグに含まれるバナジウム（V）やクロム（Cr）などの重金属が農地に蓄積することを懸念するようになってきており，今後は製鋼スラグからリンを分離して鋼の製造工程へ戻すやり方に変わっていかざるをえないようです．

一方，スウェーデンでは，鉄鉱石の選鉱の段階でこれまで廃棄されてきた低品位の鉄鉱石からリンやレアアースを分離回収して，鉄鉱石の品位を向上させるプロジェクトが始まっています．スウェーデンの国有鉱山会社である LKAB 社は，環境ビジネスを行う Ragen-Sells 社と共同で，低品位鉄鉱石からリンを回収しリン安を製造するとともに，リン含有率の低い鉄鉱石を製造する技術開発プロジェクトを開始しています．これにより，スウェーデンの年間リン消費量の約 5 倍ものリンが供給できるようです．また，もともと鉄鉱石中のカドミウム含有率は非常に低いため，製造されるリン安中のカドミウムの含有率は 1 mg Cd/kg P（2.3 mg Cd/kg P_2O_5）以下となり，世界で最もカドミウム含有率の低い肥料原料として提供することが期待されています．

8

リン「自給」体制構築への道

日本には地下リン資源はありませんが，地上リン資源はたくさんあります．第8章では，わが国が地上リン資源を活用することで，過度な輸入依存から脱却するための技術イノベーション「Pイノベーション」について説明します．また，それを実現するための産官学連携組織である一般社団法人リン循環産業振興機構について紹介し，最後に日本において持続的なリン利用を実現するための提言を行います．

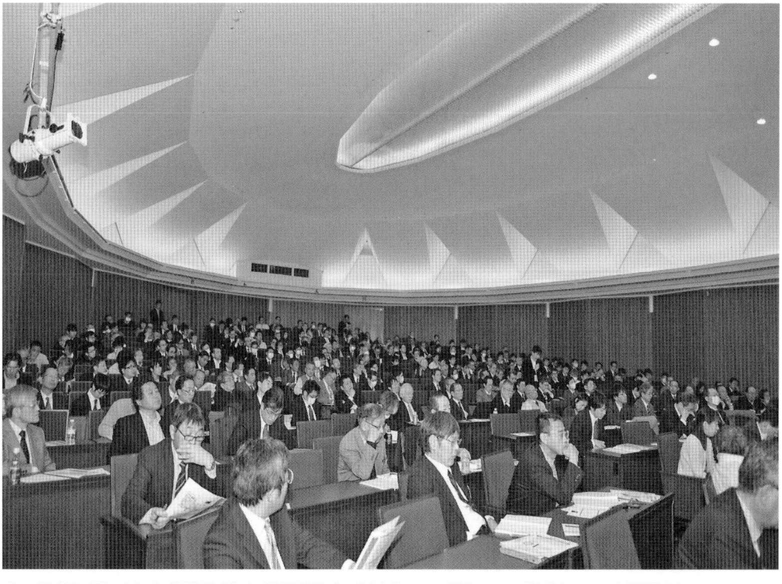

リン資源リサイクル推進協議会が開催した持続的リン利用シンポジウムの会場風景

8.1　Pイノベーション

地下リン資源をもたない日本でも，リンの「自給」体制を構築できる可能性はあります．日本にないのは，地下リン資源（天然リン鉱石）であって地上リン資源（リン含有廃棄物や未利用の副産物）は十分にあります．しかも，日本が食飼料の輸入（重量基準で全体の約半分）を続け，国の基幹産業の一つである製鉄をやめない限り，リン鉱石やリン製品を海外から輸入しなくても，毎年約29万トンのリンは国内に入り続けます．上で「自給」と括弧書きにしたのも，食飼料や鉄鉱石に含まれて国内に持ち込まれる十分な量のリンがあることを前提としているからです．

わが国では，すでに大半がリサイクルされているといわれている家畜糞尿（以下リンとして，年間約6.6万トン）と食品廃棄物（約8.5万トン）を除いても，製鋼スラグ（約11.4万トン），農業廃棄物（約2.9万トン），下水汚泥（約4.2万トン）やし尿汚泥（0.6万トン）を地上リン資源として活用できれば，年間約20万トンのリンが国内で供給できます．このリン量は，日本が海外から輸入しているリン（リン鉱石およびリン製品）の量22.8万トンにほぼ匹敵する量です．しかし，有望な地上リン資源があるといっても，それらはもともと廃棄物や用途の限られた副産物ですから，リン鉱石やリン製品の輸入価格がよほど高騰でもしない限り，そのまま利用しても採算がとれないのは当たり前です．だからといって，「採算がとれない」ことに愚痴をこぼしていても何も始まりません．地上リン資源を活用するには，リン回収・再資源化事業をビジネスとして成り立たせるための工夫（シナジー効果）としかけ（政策支援）が必要です．とくに後者については，欧州の取り組みが日本にとり学ぶところが多いようです．

前にも述べましたが，欧州ではリンショックの後に，持続的なリン利用を実現することが政策課題となり，地上リン資源の活用がビジネスとして成り立つようにするためのルールづくりが行われてきました．経済採算性は多分にルールの問題ですから，ルールをうまく変更すれば経済採算性をマイナスからプラスに変えることができます．事実，EUおよび加盟各国における政策支援（ルールの変更）により，欧州ではリン回収・再資源化事業の収支が損益分岐点の近くにまで達してきており，リン「自給」体制構築のための新たな技術の開発も活発化しています．

欧州と違い日本では，輸入リン（リン鉱石およびリン製品）の約25%は，工業用の高純度リン素材として，自動車，電子製品，医薬品などのハイテク分野で広く使われています．日本のリン「自給」体制の構築では，農業分野への肥料用リンの供給に加えて，製造業分野への高純度リン素材の確保を考えることが，リン回収・再資源化事業の収益性を改善するうえでプラスになるように思います．回収リンを付加価値の高い工業製品に使うことで，肥料用よりも高い値段で売ることができれば，リン回収・再資源化事業の経済採算性はよくなります．欧州でもいま，下水汚泥焼却灰から回収したリンを肥料ではなく，工業用のリン酸やさらに付加価値の高いリン製品を製造するために使おうとする動きが盛んになってきています．

わが国は世界有数のリン消費大国でありながら，ほぼすべてのリンを海外からの輸入に頼ってきたため，持続可能なリンのバリューチェーン（日本語では価値連鎖といいます）が構築されていません．バリューチェーンとは，原料供給から最終製品まで，どこでどのように価値が付け加えられているかを示す価値の流れのことです．持続可能なリン利用を実現するためには，日本の実情にあわせ新たなリンのバリューチェーンを構築する必要があります．そのためには，①国内の地上リン資源（下水汚泥，し尿や製鋼スラグなど）から効率よくリンを回収し，②回収リンから製造した粗リン酸から省電力で黄リンを製造して，③黄リンを出発原料に高機能性リン化合物を製造できる技術イノベーション（Pイノベーションと呼びます）が必要です（図8.1）．

もし，Pイノベーションにより，わが国のリン循環産業が創出できれば，地上リン資源からのリン回収に経済的なインセンティブ（動機づけ）を与え，わが国におけるリン回収・再資源化事業の活性化につながる可能性があります．地上リン資源から回収するリンのうち，約10万トンを肥料用に回せば，リンの工業利用が食料生産を圧迫することもありません．もちろん，必要となれば品質の高い工業用リンを農業用に使うことも問題ありません．とくに，電気炉を使わない粗リン酸の還元による黄リン製造は，世界にないイノベーション技

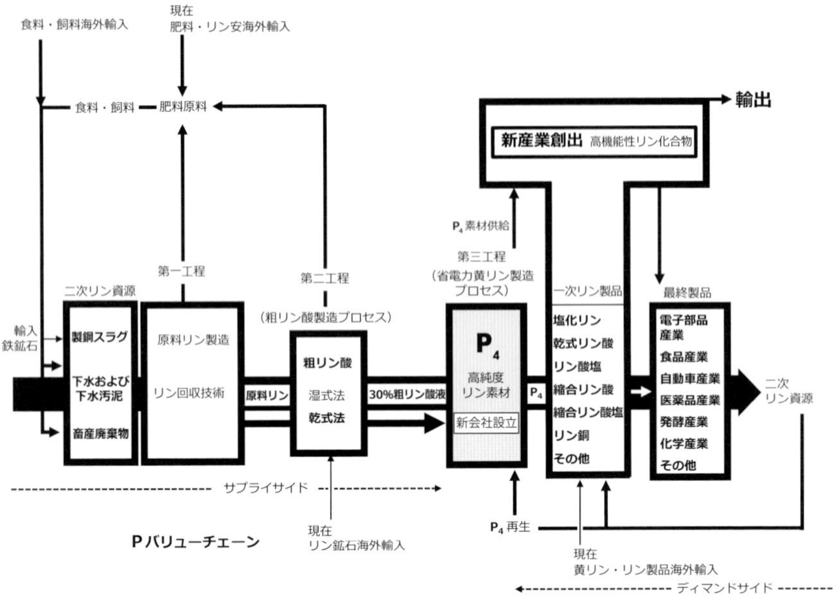

図 8.1　P イノベーションと P バリューチェーン

術であり，わが国がリンの「自給」体制を構築するためには，どうしても必要となる中核技術です．この技術開発に成功すれば，世界で黄リン製造に使われている年間約 112 億 kWh の電力消費が大幅に削減され（当然 CO_2 発生量も減ります），環境に放射性物質や有害重金属を放出しない画期的な黄リン製造プロセスが実現します．国内で黄リンを製造することの経済採算性については，「リンのない」日本でリンの「自給」体制を構築するという文脈の中で，リン循環産業という運命共同体をつくり，付加価値の高いリン製品の海外輸出を促進するなどして，運命共同体全体で経済採算性のバランスをとる発想が必要です．必要となればいつでも黄リンを国内生産できる技術を開発しておくことは，高純度リン素材の輸入においても，海外のサプライヤーのいいなりにならずに済むメリットもあります．

ますます増えそうな黄リンの需要

赤リンから製造される黒リンの二次元薄膜（フォスフォレンと呼びます）が，トランジスタなどの電子デバイスに応用可能な未来の二次元半導体として注目を集めています．シリコン結晶を半導体チップとして機能させるためには，リンやホウ素などの不純物を混ぜるドーピングと呼ばれる工程が必要ですが，黒リン結晶の場合はドーピングを行う必要がありません．また，フォスフォレンは，数原子程度の厚みしかない二次元薄膜ですので，シリコンを使うよりも薄くて軽いトランジスタをつくることができるようです．

また，フォスフォレン二次元薄膜の間に，アルカリ金属（リチウム，カリウム，ルビジウムやセシウムなど）またはアルカリ土類金属（カルシウムなど）の原子をはさむことにより，フォスフォレンを超伝導体にできることも発見され，超伝導デバイスや量子コンピュータなどへの応用が期待されています．

これまで，黒リンを製造するには，赤リンを高温かつ高圧下で結晶化する必要がありましたが，最近になって大気圧条件下でも黒リン結晶を製造できる技術が開発され，フォスフォレンのもつ優れた性質を応用する開発研究に弾みがついたようです．フォスフォレンは黒リンナノシートとも呼ばれ，紫外光や可視光のみならず近赤外光にも応答する光触媒にもなり，効率よく水を分解して水素を生産する新素材としても着目されています．

しかし，黒リンはリン元素の塊そのものですので，超伝導デバイス，量子

図 8.2 電気自動車（EV）
二次電池の製造に黄リンが必要である．

コンピュータや光触媒などへ使われるようなことがあれば，原料の黄リンの需要は急増し価格も高騰する可能性があります．電気自動車（EV 車）の普及も，自動車用リチウム二次電池の電解質の原料として，黄リンの需要を増やすことは避けられません（図 8.2）．自動車用二次電池については，資源の有効利用のためリサイクルが検討されていますが，電解質に含まれるリン（例えばリチウム電池の電解液 $LiPF_6$）をリン酸に酸化せずに回収することは困難なため，リンとしてリサイクルするためには，再び黄リンに戻す必要があります．

8.2　リン循環産業振興機構

わが国では農業，肥料，下水道，浄化槽・し尿，食品や環境などの個別の分野で，リンに関連する事業が行われていますが，分野を越えた総合的な取り組みはなく，国にも俯瞰的な立場で政策を調整するような動きもありません．驚くことに，わが国にはリンの科学と技術について専門的に研究している公的な機関がどこにもなく，リンに関連する分野を俯瞰して総合的に政策を立案している国の部署もありません．わが国の政策担当者が，持続的なリン利用について，正しい情報に基づいた有効な政策の立案ができるためには，日本におけるリンのフロー，ニーズ，コストやマーケットなどリンの実態についてよく知っていなければなりません．しかし，日本におけるリンの実態は驚くほどよくわかっていません．ひょっとすると，日本におけるリンの実態がよくわかっていないことにさえ，日本人はまだあまり理解していないのかもしれません．

わが国におけるリンの実態を掘り下げて究明し，国民や政策担当者が日本にとりリンの確保が根源的で避けて通れない重要な問題であることをよく理解できるようにしなければ，日本において持続的なリン利用を実現することはできません．一方，リン回収・再資源化事業が損益分岐点を越えてビジネスとして成り立つためには，輸入リン製品の値上がりを待つこと（他力本願）ではなく，①技術イノベーションによるコスト削減（自助努力），②リン循環産業全体を運命共同体としたシナジーの最大化（相互協力）に加えて，③国によるインセンティブ（補助金）や法制度の改正（リン回収の義務づけ）などの政策支援が求められます．こうした取り組みを実現するためには，長期的な戦略のもとで地道でたゆまぬ努力が求められますので，それを支える組織がどうしても必要です．

今から10年あまり前の2008年12月，行政の縦割りや民間企業間の壁を越えて，日本におけるリン資源リサイクルの実現に取り組むことを目的として，リン資源リサイクル推進協議会が設立されました．当時はまだ，世界のどこにも持続的リン利用に取り組む国レベルの組織はありませんでした．前にも述べましたが，欧州にも欧州持続的リン協議会（ESPP）という組織が2013年に設立されていますが，この協議会の設立には日本のリン資源リサイクル推進協議会が大きな影響を与えています．そのことは，筆者がベルギーで開催された第1回欧州持続的リン会議に招待された時に，ESPP設立時の会長のA. Passenier氏から直接聞いています．いま，同様の組織は北米にも広がっています．

あれから10年あまりが経過した2018年9月，リン資源リサイクル推進協議会は発展的な組織変更を行い，新たに一般社団法人リン循環産業振興機構が設立されました（図8.3）．リン資源リサイクル推進協議会が設立された2010年の当時は，まだリンショックの直後であり，国内のリンの安定供給が喫緊の課題でした．しかし，その後リンショックによる緊急事態は回避され，リン回収・再資源化事業にも平時における経済採算性の問題が突きつけられるようになりました．しかし，もともと廃棄物や有効利用が難しい副産物である地上リン資源を回収し再資源化する事業が，国の政策支援もなしに経済採算性を成り立たせることは容易なことではありません．このため，新たなリンのバリューチェーンを構築して，リン循環産業という運命共同体全体のもとで，経済採算性を成り立たせることの必要性が痛感されるようになってきました．

リン循環産業振興機構では，新しいリン循環産業の創出と地下リン資源への過度な依存を断ち切るリンバリューチェーンの構築を，その重要なミッションとしています．リン循環産業振興機構には，特別会員，正会員，賛助会員および学術会員のほかに，会員以外で持続的なリン利用の実現に関心をもつ人なら誰でも，無料で参加できるアライアンスの制度も設けられています．また，機構のおもな事業には ①産官学での戦略会議の開催，②持続的リン利用に関連

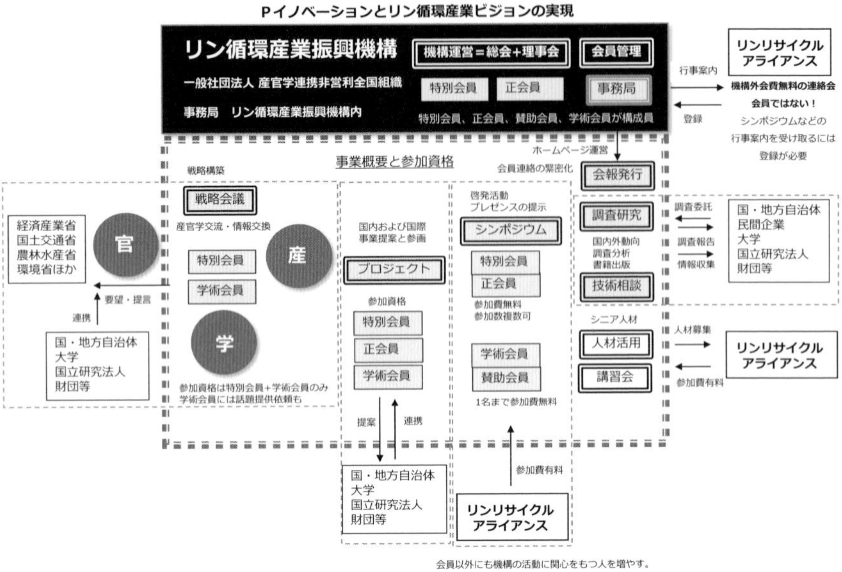

図 8.3　一般社団法人リン循環産業振興機構の概要

するプロジェクトの立案と参画，③持続的リン利用に関連するシンポジウムの開催や ④調査研究および技術指導等の実施などがあります．このほか，本機構では関係省庁の施策の紹介や関係機関との連携，会員への会報の配信やホームページの運営も行っています．リン循環産業振興機構についてのより詳しい情報や入会案内などにつきましては，機構のホームページ（http://www.pido.or.jp/）を御覧下さい．

8.3　提　言

わが国にはリン問題を俯瞰して総合的に政策を立案している部署もなければ（政策の空洞化），リンの科学と技術について専門的に研究している公的な機関もありません（知の空白）．国民の多くが，リンの確保が日本にとり根源的で避けて通れない重要な問題であることを理解し，わが国の政策担当者がリンについての正確な情報をもとに有効な政策を立案できるようにするためには，日本におけるリンの実態について徹底的に究明する必要があります．

また，日本がリンの「自給」体制を構築するためには，リン循環産業という運命共同体を実現するための具体的な戦略や，国および地方自治体による政策支援のあり方などについて明らかにする必要があります．したがって，日本における持続的なリン利用を実現するために，以下のような提言をしたいと思います．

提言 1　「日本にリンがない」ことを日本人の常識にする．

日本にはリン資源がなく，リンの確保が日本にとり根源的で避けて通れない重要な問題であることを，日本人の常識にする必要があります．そのためには，食の安全保障や持続可能性な社会の実現などの問題を，元素のレベルまで遡って議論し，国民にもっと根本的な問題に目を向けてもらう必要があります．

提言 2　日本におけるリンの実態を徹底的に解明する．

国民がリン問題の重要性を理解し，国の政策担当者が正しい情報に基づいて有効な政策の立案ができるためには，日本におけるリンの実態がよく把握できていなければなりません．しかし，日本におけるリンの実態はまだ驚くほどわかっておらず，徹底して究明する必要があります．

提言 3　世界を先導するＰイノベーションに投資する．

粗リン酸の還元による黄リンの製造は，世界にない技術イノベーションであり，わが国がリンの「自給」体制を構築するために，どうしても必要な中核技術です．この技術開発に成功すれば，世界で年間約 112 億 kWh の電力が節約され，環境に放射性物質や有害重金属を放出しない画期的な黄リン製造プロセスが実現します．

提言 4　新しいリンのバリューチェーンを構築する．

枯渇する地下リン資源への過度な依存を断ち切り，環境にも資源にもやさしいリンの「自給」体制を構築するためには，リンのリサイクルをベースとする新しいバリューチェーンを構築しなければなりません．

提言 5　リン循環産業の振興を推進する．

わが国において，リンの「自給」体制を構築するためには，地道で継続的な取り組みが何より重要であり，それを支える組織として，リン循環産業振興機構の活動の強化が必要です．

資源にやさしい

世界のリン鉱石の年間採掘量は約 2.6 億トンです．リン鉱石のリン含有率を 13%（P_2O_5 換算で約 30%）としますと，人間は毎年地下から約 3400 万トンのリンを掘り出していることになります．人間ひとりが 1 日に約 1 g のリンを必要としますと，世界の 76 億人が 1 年間に必要とするリン量は約 280 万トンになります．これは，地下から掘り出されるリン量の約 8%にしか過ぎません．また，世界のリン消費量の約 85%は農業用（肥料約 80%＋飼料添加物約 5%）ですので，毎年地下から掘り出され食料生産に使われるリン量は，年間約 2890 万トンと推定できます．この量は，世界の 76 億人が 1 年間に必要とするリン量の約 10 倍もあります．それほど，人間によるリンの利用効率は悪いのです．

世界のリン鉱石の年間採掘量約 2.6 億トンは，市場で取り引きが可能なリン鉱石（リン含有率約 13%以上）の量ですので，選鉱の段階ではねられて市場に出てこないリン鉱石の量は，全採掘量の約 30～35%もあるようです．これも考慮に入れますと，人間による地下リン資源の利用効率はさらに悪くなり，工業分野ではリンが 100%有効に利用されたと仮定しても，地下から掘り出されたリンの約 90%は，有効に使われることなくどこかで失われている可能性があります．

21 世紀は持続可能な社会を目指す時代であり，いま世界では「環境にやさしい」に加えて，「資源にやさしい」経済活動が求められてきています．「環境にやさしい」ことと「資源にやさしい」ことが揃って初めて，真に「地球にやさしい」経済活動になるとの考えです．「資源にやさしい」経済活動とは，地下資源をできるだけ掘らずに未来の世代のために残し，どうしても掘り出す必要がある場合には，掘り出した資源を地上資源として何度も循環利用する人間活動のことです．地上資源を何度も循環利用することは，地下資源の枯渇を遅

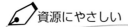

らせるばかりでなく，廃棄物を減らし美しい環境を守るうえでも大きな効果があります．これまでの地下資源に過度に依存した産業形態から，「資源にやさしい」資源循環型の産業形態へと速やかに移行することができるように，経済成長のあり方も含めて考え直す時期にきているように思います．

参 考 文 献

1) 玉尾皓平，桜井　弘：完全図解周期表―ありとあらゆる「物質」の基礎がわかる―，Newton 別冊サイエンステキストシリーズ，ニュートンプレス，2010.
2) 大竹久夫，小野寺真一，黒田章夫ほか編：リンの事典，朝倉書店，2017.
3) 鈴木継美，和田　攻編：ミネラル・微量元素の栄養学，第一出版，1994.
4) 大竹久夫編：リン資源枯渇危機とはなにか―リンはいのちの元素―，大阪大学出版会，2011.
5) 厚生労働省：日本人の食事摂取基準 2015 年版
6) 日本栄養・食糧学会監修：ミネラル摂取と老化制御―リン研究の最前線―，建帛社，2014.
7) Föllmi, K.B.：The phosphorus cycle, phosphogenesis and marine phosphate-rich deposits, *Earth-Science Reviews*, **40**(4), 55-124, 1996.
8) 用山徳美：リン鉱石資源の持続的利用に関するリン酸工業の技術動向，平成 29 年度第 7 回早稲田大学リンアトラス研究所セミナー講演要旨，2017.
9) 中島謙一：リン資源およびリン含有製品の国際サプライチェーン分析，平成 23 年度環境研究総合推進費補助金研究報告書，2011.
10) USGS lime 2017, National Minerals Information Center Lime Statistics and Information, https://minerals.usgs.gov/minerals/pubs/commodity/lime/mcs-2017-lime.pdf.
11) Schmidt-Bleek, F. and von Weizsaecker, Erunst U.：環境負荷尺度「エコリュックサックと MIPS」の提唱，http://www.takeda-foundation.jp/award/takeda/2001/fact/pdf/fact03.pdf,（一財）武田計測先端知財団，2001.
12) Petrat-Melin, B.：Characterization of the in vitro digestion and bioactive potential of bovine beta- and kappa-casein variants, PhD. Thesis, Department of Food Science, Science and Technology, Aarhus University, 2014.
13) Wikipedia Submerged-arc furnace for phosphorus production, https://en.wikipedia.org/wiki/Submerged-arc_furnace_for_phosphorus_production.
14) Matsubae, K. and Kajiyama, J., Hiraki, T. et al.：Virtual phosphorus ore requirement of Japanese economy, *Chemosphere*, **84**(6)，767-772, 2011.
15) Ohtake, H. and Tsuneda, S. Eds.：Phosphorus Recovery and Recycling, Springer Nature, 2018.
16) 鈴木秀男：植物油製造プロセスとリン回収，生物工学会誌，**90**(8)，488-492，2012.
17) 日高寛真：発酵産業におけるリン回収，生物工学会誌，**90**(8)，485-487，2012.

おわりに

いまから約60年前，日本は有害物質を含んだ工場廃水や廃ガスなどによる公害問題に苦しんでいました．熊本県水俣市の豊かで美しい海は，有機水銀を含んだ工場廃水で汚染され水俣病が発生しました．富山県の神通川流域では，亜鉛精錬所の廃水に含まれるカドミウムにより井戸水が汚染され，イタイイタイ病が発生しました．また，三重県四日市の青い空は，石油化学コンビナートから出るばい煙で濁り，住民は喘息を患い苦しみました．環境と人の健康への影響を省みずに，高度成長を続けてきた日本の経済は，公害という悲しくも厳しいしっぺ返しを受け，これが日本が経済活動のあり方を考え直すきっかけになりました．1970年には，公害対策を求める世論に押されて，公害問題を集中的に討議する「公害国会」が開かれました．有害物質の垂れ流しの禁止はいうまでもなく，美しい日本の環境を守ろうとしない経済活動には，世の中の厳しい目が向けられることになりました．あれから半世紀ほど過ぎたいま，「環境にやさしい」経済活動は当たり前のことになり，未来の世代のために美しい日本の環境を残すことは，企業にとっても重要な社会貢献の一つになっています．

国連の持続的開発目標（SDGs）が示すように，いま世界は持続可能な社会の実現へ向けて動きを強めています．持続可能な社会を実現するためには，地下資源はできるだけ多く未来の世代に引き継がなければなりません．そのため，地下資源はできるだけ掘らず，どうしても掘らなければならない場合には，掘り出した資源を地上資源として何度も繰り返し使うことで，資源を無駄にしない生き方が求められています．かつて美しい環境を未来の世代のために残すことが，企業にとっても重要な社会貢献になったように，これからは「資源にやさしい」経済活動が，「地球をまもる」うえで，当たり前となる時代がきっとくることでしょう．「資源は金で買えばよい」といえた時代は，もう過去の話になろうとしているのです．

これまで資源問題は，経済成長や国際競争力などおもに産業や経済の視点から議論されてきました．たしかに石油やレアメタルなどは，私たちの快適で便利な暮らしを維持するうえでは重要ですが，これらは人類の生存に絶対になければならない資源というわけではありません．一方，人はリンがなければ生きていけません．本書が取り上げたリンの資源問題は，生命の存在そのものに絶対的に必要な元素の資源問題という点で，ほかの資源問題とは大きく異なります．生命の存在に絶対的に必要なリンの資源問題では，経済効率や利便性といった視点から議論することはあまり適当ではありません．

ところで本書は，日本人のリンに関する認識を変え，一人でも多くの方にわが国にはリン資源がないという重大な問題について考えていただくために書かれました．これまでリンの話がマスコミに登場することはほとんどありませんでした．読者にはまずリンがいかに身近なものであるかを感じ取っていただくために，本書ではまず人体とリンの関係から話を始めました．少し遠回りになったかもしれませんが，人間が生きるためにリンが絶対に必要な元素であることを理解していただけなければ，日本にリン資源がないことの重要性を理解していただくことは難しいと思ったからです．私は仕事柄よく本屋に立ち寄りますが，本屋の書棚にリンについて書かれた本を見つけることはまずありません．昨年，大阪梅田の大きな本屋さんで，たまたま１冊見つけることができましたが，それは朝倉書店さんから出版したばかりの『リンの事典』でした．皆さんも本屋に立ち寄られた時に，本棚を見渡してみてください．おそらくリンについて書かれた本は，一冊も見つからないことでしょう．それほど日本人がリンについて知る機会は少ないのです．

日本には，リンの科学や技術について専門的に研究している公的な機関はどこにもありません．ましてや，リンに関連する分野を俯瞰して総合的に政策を立案している国の部署などどこにもありません．そのことが，日本においてリンに関する知の空白と政策の空洞化が起きてしまった大きな理由だと思います．資源問題には未来への備えが必要であり，資源対策は一朝一夕にはできず，有効な対策を準備するのに時間も経費もかかります．リン問題についてはまだ余裕のあるうちに，日本におけるリンの実態をよく調べ，知の空白を埋めておくことが必要です．また，国民と政策担当者にリン「自給」体制構築の必要性を十分に理解していただき，一日も早くリンに関する政策の空洞化を克服する必要があります．

2011 年に大阪大学出版会さんから『リン資源枯渇危機とはなにか』という本を出版しましたが，リン資源問題に関する類書がまったくなかったこともあり，この本はほぼ売り切れました．大阪大学出版会さんの『リン資源枯渇危機とはなにか』は絶版になりましたが，その内容の一部は本書のコラムなどに引用させていただきました．引用のご承諾をいただいた東北大学大学院の長坂徹也教授，松八重一代教授，広島大学大学院の黒田章夫教授，および早稲田大学リンアトラス研究所の橋本光史招聘研究員の皆様に御礼を申し上げます．

最後になりましたが，本書の出版にあたりご協力を頂きました早稲田大学総合研究機構リンアトラス研究所の常田聡所長はじめ運営委員の方々，また本書の出版を引き受けていただいた朝倉書店の皆様に，こころから御礼を申し上げます．

索　　引

欧　文

あ　行

か　行

さ　行

た　行

な 行

は 行

ま 行

著者略歴

大《おお》竹《たけ》久《ひさ》夫《お》

1949年　熊本県に生まれる
1978年　大阪大学大学院工学研究科博士課程修了
　　　　広島大学工学部教授，大阪大学大学院工学研究科教授を経て
現　在　大阪大学名誉教授，広島大学名誉教授
　　　　早稲田大学総合研究機構リンアトラス研究所客員教授
　　　　一般社団法人リン循環産業振興機構理事長
　　　　工学博士

〔おもな編著書〕
『生き物たちのソフトウェア』（共立出版，1998年）
『バイオプロダクション』［共著］（コロナ社，2006年）
『リン資源枯渇危機とはなにか』［編著］（大阪大学出版会，2011年）
『リンの事典』［編著］（朝倉書店，2017年）
"*Phosphorus Recovery and Recycling*"［編著］（Springer，2019）

リンのはなし
—生命現象から資源・環境問題まで—　　定価はカバーに表示

2019年11月1日　初版第1刷
2020年 9 月15日　第2刷

著　者　大　竹　久　夫
発行者　朝　倉　誠　造
発行所　株式会社　朝　倉　書　店
東京都新宿区新小川町6-29
郵便番号　162-8707
電　話　03（3260）0141
FAX　03（3260）0180
http://www.asakura.co.jp

〈検印省略〉

教文堂・渡辺製本

ISBN 978-4-254-14107-8 C 3043　Printed in Japan

東京大 宮下 直著 東邦大 西廣 淳

人と生態系のダイナミクス 1

人と生態系のダイナミクス 1 農地・草地の歴史と未来

18541-6 C3340 A 5 判 176頁 本体2700円

日本の自然・生態系と人との関わりを農地と草地から見る。歴史的な記述と将来的な課題解決の提言を含む，ナチュラリスト・実務家必携の一冊。〔内容〕日本の自然の成り立ちと変遷／農地生態系の特徴と機能／課題解決へのとりくみ

水素エネルギー協会編

水素エネルギーの事典

14106-1 C3543 A 5 判 240頁 本体5000円

水素エネルギーに関する最新の技術や世界の政策情報を盛り込み，この分野の研究を始めようとしている研究者，水素産業に興味がある学生・大学院生からプロフェッショナルまで幅広く活用できる入門書および実用書である。

前阪大 大竹久夫編集委員長

リンの事典

14104-7 C3543 A 5 判 360頁 本体8500円

リンは生命に必須であり，古くから肥料として産業上も重要であった。工業製品や食品，医薬品など，その用途は拡大の一途をたどる一方，その供給は地下資源に依存しており，安価な材料として使い続けることは限界を迎えようとしている。基礎的な性質から人間活動への影響まで，リンに関する情報を網羅した本邦初の総合事典。〔内容〕リンの化学／リンの地球科学／リンの生物学／人体とリン／工業用素材／農業利用／工業利用／リン回収技術／リンリサイクル

但野利秋・尾和尚人・木村眞人・越野正義・
三枝正彦・長谷川功・吉羽雅昭編

肥料の事典

43090-5 C3561 B 5 判 400頁 本体18000円

世界的な人口増加を背景とする食料の増産と，それを支える肥料需要の増大によって深刻化する水質汚染や大気汚染などの環境問題。これら今日的な課題を踏まえ，持続可能な農業生産体制の構築のための新たな指針として，肥料の基礎から施肥の実務までを解説。〔内容〕食料生産と施肥／施肥需要の歴史的推移と将来展望／肥料の定義と分類／肥料の種類と性質(化学肥料／有機性肥料)／土地改良資材／施肥法／施肥と作物の品質／施肥と環境

立正大 吉﨑正憲・前海洋研究開発機構 野田 彰他編

図説 地球環境の事典

〔DVD－ROM付〕

16059-8 C3544 B 5 判 392頁 本体14000円

変動する地球環境の理解に必要な基礎知識(144項目)を各項目見開き2頁のオールカラーで解説。巻末には数式を含む教科書的解説の「基礎論」を設け，また付録ＤＶＤには本文に含みきれない詳細な内容(写真・図，シミュレーション，動画など)を収録し，自習から教育現場までの幅広い活用に配慮したユニークなレファレンス。第一線で活躍する多数の研究者が参画して実現。〔内容〕古気候／グローバルな大気／ローカルな大気／大気化学／水循環／生態系／海洋／雪氷圏／地球温暖化

東京理科大 渡辺 正監訳

元素大百科事典（新装版）

14101-6 C3543 B 5 判 712頁 本体17000円

すべての元素について，元素ごとにその性質，発見史，現代の採取・生産法，抽出・製造法，用途と主な化合物・合金，生化学と環境問題等の面から平易に解説。読みやすさと教育に強く配慮するとともに，各元素の冒頭には化学的・物理的・熱力学的・磁気的性質の定量的データを掲載し，専門家の需要に耐えるデータブック的役割も担う。“科学教師のみならず社会学・歴史学の教師にとって金鉱に等しい本”と絶賛されたＰ．Enghag著の翻訳。日本が直面する資源問題の理解にも役立つ。

上記価格（税別）は 2020 年 8 月現在